U0229382

气候周期里的文明

从冰河时代到全球变暖

KULTURGESCHICHTE DES KLIMAS

VON DER EISZEIT BIS ZUR GLOBALEN ERWÄRMUNG

[德] 沃尔夫冈 · 贝林格 著
Wolfgang Behringer

郑静 译

中国科学技术出版社
· 北 京 ·

北京市版权局著作权合同登记　图字：01-2024-0482

图书在版编目（CIP）数据

气候周期里的文明：从冰河时代到全球变暖 /（德）沃尔夫冈·贝林格 (Wolfgang Behringer) 著；郑静译. 北京：中国科学技术出版社，2025. 2. -- ISBN 978-7-5236-1000-8

Ⅰ. X16-49；P467-49

中国国家版本馆 CIP 数据核字第 2024953JW7 号

策划编辑	方　理　孙　楠	责任编辑	孙　楠
封面设计	东合社	版式设计	蚂蚁设计
责任校对	张晓莉	责任印制	李晓霖

出　　版	中国科学技术出版社
发　　行	中国科学技术出版社有限公司
地　　址	北京市海淀区中关村南大街 16 号
邮　　编	100081
发行电话	010-62173865
传　　真	010-62173081
网　　址	http://www.cspbooks.com.cn

开　　本	880mm × 1230mm　1/32
字　　数	201 千字
印　　张	9.75
版　　次	2025 年 2 月第 1 版
印　　次	2025 年 2 月第 1 次印刷
印　　刷	北京盛通印刷股份有限公司
书　　号	ISBN 978-7-5236-1000-8 /X · 161
定　　价	69.00 元

第 6 版序

牧师们曾经宣称，人类是小冰期气候大幅波动的元凶，必须马上改变自身的行为才能平息上帝的怒气。然而，捉住一批替罪羊却并未使得气候情况好转。

现如今，人类活动引起气候变化被称为“环境罪”。那迅速调整行为或者寻找替罪羊能否阻挡气候变化的脚步呢？答案是否定的。

正如一些忧心忡忡的气候研究学者所强调的那样，仅仅依靠科学分析不足以解决问题。解决方案是否可行取决于能否与文化图景和时代潮流保持一致。为了理解这一点，除了气候的历史，我们还需要探究与气候相关的文明史。

本书探讨了由气候变化引起的文化效应。首先，我们将简要回顾地球的历史，探究自然气候的多变性，随后进一步观察由此带来的文化和社会反应。

我们关注的重点在于通过翔实的文献资料溯源部分气候危机。以小冰期为例，我们将看到面对此次气候危机时人们采取了哪些应对策略，这些策略与我们当前面临的问题有何关联。小冰期可以看作全球变暖的预演，从中我们会发现，哪怕只是细微的气候变化也会引起社会、政治和宗教的剧烈动荡。

通过小冰期的例子我们还可以看到，人们是怎样处理一场气候危机的：人们不再依据固有的信条来看待这种危机，不再寻找道德上的罪人、责任人或者替罪羊。最终的解决方案与人们在危机开始时所设想的不太一样。对于我们而言，重要的是，这些解决方式塑造了我们认知中的世界——经历了通信、科学、农业、工业等剧烈变革之后的“现代”世界。气候危机不仅没有毁灭世界，甚至还通过提高文化的适应性推动了人类生存环境的持续改善。

当今社会，气候学者俨然成了灾难预言家。多亏他们让人们开始关注全球变暖，但同时我们也没有忘记：他们曾经在很长一段时间内警告称全球在变冷，并且采取了一些在现在看来相当荒谬的举措。政客们不应该对这些预言的准确性抱有过高的期望，毕竟今天看来牢不可破的真理，可能一夜之间就成了明日黄花。

全球变暖是一个严峻的挑战。世界气候大会设定了具体的度量标准，但在关于气候变化的公开讨论中，我们可以更加随机应变。当前的变暖既是危险，也是机遇，但这一点目前还未得到广泛认可，而研究气候的文明史正好可以在这方面起到推动作用。

联合国政府间气候变化专门委员会（Intergovernmental Panel on Climate Change，IPCC）以及其他机构召开的一系列气候会议表明，气候变化的挑战——也是当初创作本书的缘由，到现在仍然不容忽视，因此这本书依然具有现实意义。目前，本书已译成英语、意大利语、捷克语、匈牙利语、韩语和中文，不久日语版也将问世。

本书的特点在于，不仅从跨学科的角度来说明气候变化的自然起源，还根据最新的研究文献对气候变化引起的文化效应进行了探究。

第 6 版订正了一些小错误，并更新了推荐书目。

沃尔夫冈 · 贝林格

目录

导言

我们的研究从IPCC1990年第一次评估报告当中的一组曲线图（图0.1）开始。这三幅图清晰地揭示了近100万年以来的气候变化。第一幅图展示的是大冰期的温度变化，其中为数不多的短暂间冰期看起来像是难得一见的例外——当时的气温比现在还要高。这也暗示着我们所处的现代温暖期是何其脆弱。图中的水平线代表参考期1961—1990年的气温中间值。第二幅图是关于近1万年以来的小幅气温波动，也就是末次大冰期结束之后发生的情况。这段时间的气候最佳期出现在五六千年前，即公元前4000年左右。底部这幅图展示了近1000年的气温变化。从中我们可以看到与小冰期相对的中世纪气候最佳期，在1900年之后还出现了新的变暖迹象，但直到1990年气温也远未达到中世纪暖期的水平，更不用说与全新世的高温极值相比了。

报告发布时，不少人觉得十分荒谬。毕竟几十年来许多人都相信全球气候已经基本稳定了，甚至根据詹姆斯·洛夫洛克（James Lovelock）的盖娅（Gaia）假说[①]，所有气候波动都会达到自平衡，而这组图展示的多变性无疑令人震惊。也有一部分人认为这组图恰好证实了他们的观点，因为在20世纪60年代，

① 盖娅是希腊神话中地球的化身。盖娅假说认为，生物体与地球上的无机环境相互作用，形成一个协同和自我调节的复杂系统，有助于维持和延续地球上的生命条件。——译者注

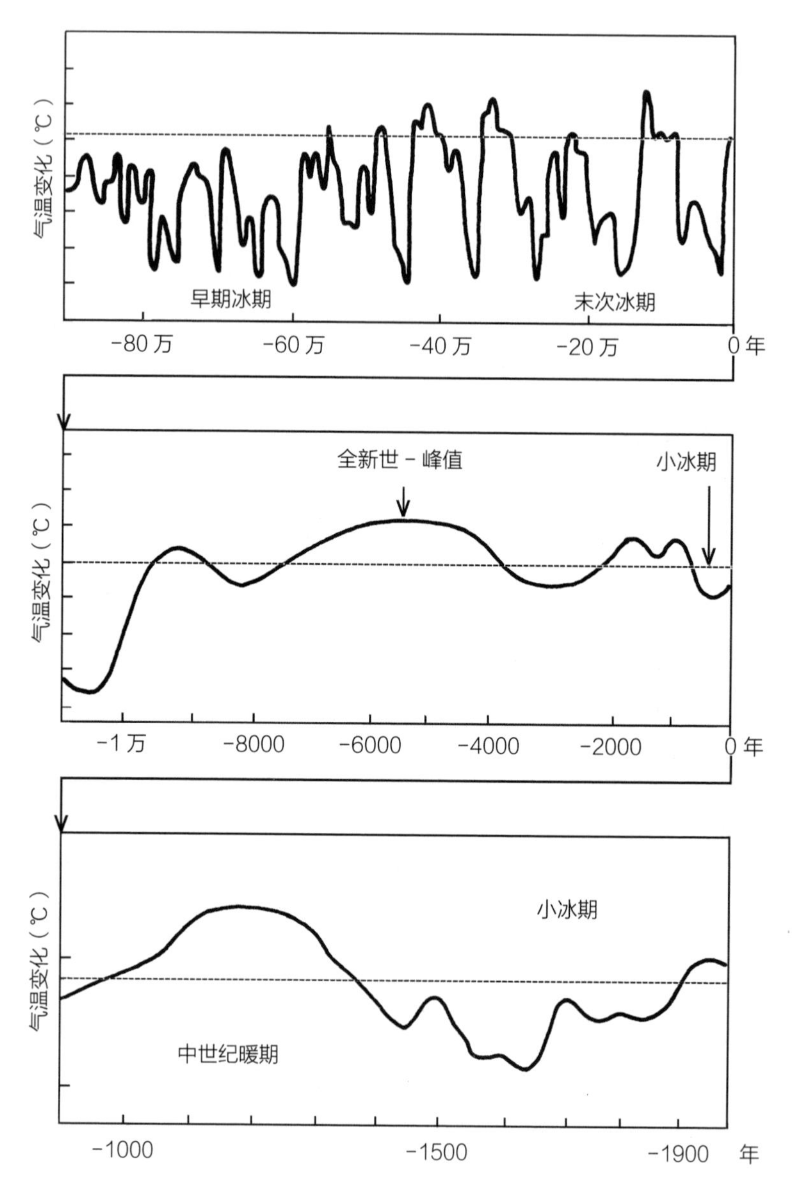

图0.1 气候自平衡的神话在IPCC1990年的第一次评估报告里已经被打破。无论是近100万年、1万年还是1000年，我们都能看到冷暖期在持续性地交替出现。

继若干较冷的年份之后，曾经有过一场关于全球变冷即将到来的激烈讨论。还有一部分学者则认为这组图还不足以反映他们当时新的担忧——20 世纪 70 年代末以来备受关注的已经不再是全球变冷，而是变暖。对此，IPCC1990 年发布的这组图显然只是一笔带过。从图中来看，经历了长期的寒冷之后变暖似乎并不是坏事，但越来越多的气候学者认为，接下来气候变暖将引起大气成分的改变，其中隐藏着巨大的危机。他们极力使 IPCC 的下一份报告呈现截然不同的气候史图像。

曲棍球棒曲线的意义

2005 年 7 月,《自然》杂志发表了一篇封面报道，美国得克萨斯州国会议员、共和党成员、能源和商务委员会主席乔·巴顿（Joe Barton，1949—　）以纳税人的名义要求三位气候专家对他们的研究工作进行说明。他在文中提出，这几位专家应当公开其研究过程和资金来源，包括他们的研究数据和计算机程序。在这之前巴顿曾在《华尔街日报》撰文，有意抨击这几位科学家的研究方法存在问题。他们的研究成果影响了 IPCC2001 年的总结报告，这份报告对布什政府当时的环境政策进行了公开批判。

此事让科学界感到研究自由受到了威胁。自比尔·克林顿（1993—2001 年在任）任期结束以来，联邦当局不断对科学家施压，而学界一直秉持着不妥协的态度，气候研究因此染上了党派政治色彩。加州民主党议员亨利·瓦克斯曼（Henry Waxman）要求巴顿撤回公开信，包括国家科学基金会（National Science Foundation）、美国科学促进会（American Association for the Advancement of Science）、欧洲地球物理学会（Geophysikalischen Union）在内的多个美国和国际科研机构以及国家科学院（National Academy of Sciences）院长都对三位学者表达了声援。

处在这场政治风暴中心的是“曲棍球棒理论”（Hockeystick Theory）的创始人、气候学者宾夕法尼亚州立大学的迈克尔·曼（Michael Mann），马萨诸塞大学的雷蒙德·S. 布拉德利（Raymond S. Bradley）和亚利桑那大学的马尔科姆·K. 休斯（Malcolm K. Hughes）。1998 年他们发布了一篇关于近 600 年以来全球变暖的论文，宣称 20 世纪 90 年代的平均气温比过去 600 年中的任何一个十年都高，并且这种气候变暖是人类活动排放温室气体所致。他们所描绘的气候曲线起初看起来很平常，因为其中大部分都处在小冰期的全球变冷阶段。但在 2000 年前夕，这三位科学家将时间轴继续往前延伸了 400 年，把中世纪气候最佳期也包括了进来，这是近代史上最温暖的一段时期。于是，覆盖过去 1000 年的气候曲线呈现出曲棍球棒的形状：前 900 多年没有太大变动，直到 20 世纪末期，气温陡然上升（图 0.2）。我们可能面临前所未有的全球变暖，曲棍球棒曲线则成为这一观点的标志。

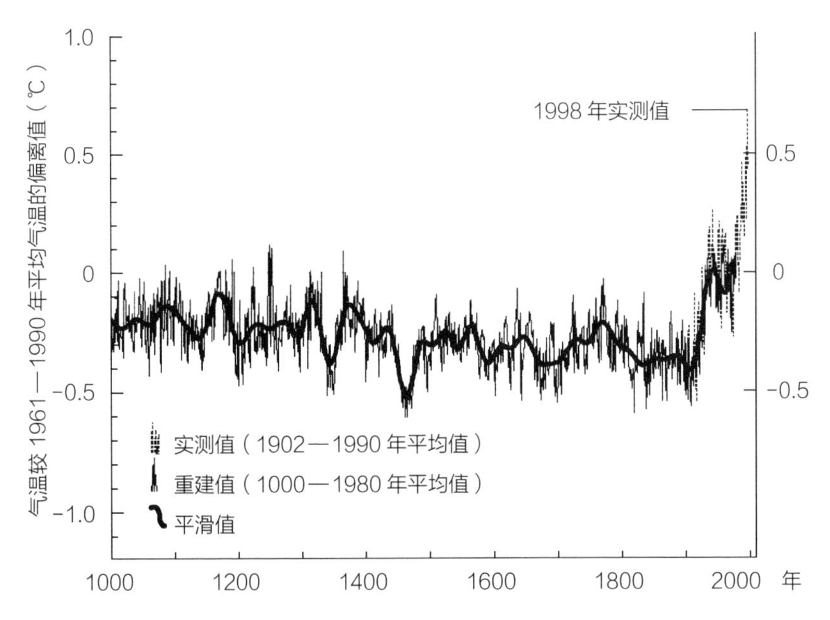

图 0.2　近 1000 年的气候曲棍球棒曲线。在 IPCC2001 年报告中，由于近段使用了新的实测数据，而前几百年使用了代用资料重建的数据，因此前期的气温波动曲线显得较为平坦。

气候史与政治

2001 年以后，关于曲棍球棒曲线的争论可以说蒙上了宗教色彩。支持者们把它作为签订《京都议定书》的最重要论据，这是 4 年前由 36 个工业国缔结的减排公约。争议出现时正值《京都议定书》的批准阶段，直到 2004 年 11 月俄罗斯批准之后文件才满足生效条件。2005 年 2 月，这份覆盖 2008—2012 年减排及排放权交易的公约正式生效。在各大工业国中，澳大利亚以及全球最大的温室气体排放国美国并未批准这份协议。不过,《京都议定书》早在曲棍球棒理论提出之前就已经签订，其主要驱动力来自 IPCC1990 年和 1996 年（更新版）的报告。

争论还在继续，各方都自认为有理，并斥责对方被收买了。例如与布什政府关系密切的煤炭和石油行业，他们对成本高昂的减排毫无兴趣，而是长期资助对本行业有利的科学研究。肯尼迪总统的侄子小罗伯特·弗朗西斯·肯尼迪（Robert Francis Kennedy, Jr.）称这些研究者为“一小撮受行业赞助的江湖骗子”。

当然，科学界内部也不乏对腐败的谴责，因为各个学术团体都很看重他们的研究工作和研究机构所获得的赞助。格陵兰岛冰盖第二计划（GISP2）冰芯钻取项目的学术负责人保罗·安德鲁·马耶夫斯基（Paul Andrew Mayewski）曾在谈到古气候研究时承认，气候学者并非持身中正的科学家，而是以自身诉求为导向，借助派系和压力集团来谋求利益实现。这关乎前途、金钱和权力（图 0.3）。

但指责气候学者的研究结论完全由经济利益驱动是站不住脚的，他们的一些观点更多地属于有意的夸大其词。IPCC2001 年报告的联合作者、全球变暖的早期宣传者之一、加利福尼亚州斯坦福大学的斯蒂芬·H. 施耐德（Stephen H. Schneider）曾在采访中说道:“为了引起公众的注意，我们必须描绘一幅骇人听闻的场景，再用简化和夸张的态度发起批判。”不过这种观点终究只代表了一小部分学者。

图 0.3　部分气候学者的危言耸听令人不适，人为引起气候变暖的观点被当作获取研究资源的工具。(Götz Wiedenroth，Zweierlei Standpunkte, zweierlei Rentabilität，Karikatur 2005)

无论是描绘末日般的场面，还是把曲棍球棒理论的批判者斥为“气候否定者”都没有好处。当然，没有人会否定气候的存在，目前的关键问题在于气候是否真的在变化。至于另一个问题，气候变化是单纯的自然过程还是受到人类行为的影响(即人为的)，至今已经基本有了定论。不过我们必须采取谨慎的态度，因为没有人能够预见未来，科学也从来不是百分之百确定的事情。20 世纪 60 年代关于全球变冷的预言破灭就是一个警示。但是，在掌握足够证据和经过模型测算的前提下，当前的全球变暖和其中的人为因素影响是“极有可能的”。至于人类行为对气候变暖的影响究竟有多大，目前就不太清楚了。

如果人类无法在短期或中期内遏制全球变暖，“人为还是自然”这个问题其实没那么关键。但在探讨如何有效应对气候变化时，这个问题的答案还是很重要的，因此气候学者们现在在公开场合回答这个问题时都更为谨慎了。关于曲棍球棒理论的纷争一度影响到了 IPCC 报告的接受度，甚至引发了“一场气候研究的信任危机”。不过学者们关于气候变化的共识丝毫没有因此而改变。

本书结构

即使我们只关注过去数百年、当下或者未来三者之一，也有必要从更广阔的时间维度进行思考。本书第 1 章是铺垫，便于读者理解后续内容，其中介绍了主要参考资料的来源、自然气候变化的机制，以及从地球诞生之初到当前地质时期结束的古气候演变。

第 2 章是关于智人时期的气候，具体从末次大冰期到中世纪暖期。与第 1 章不同的是，第 2 章按照年代顺序叙事，先介绍最近 100 万年的情况，然后是近几个世纪的情况。

第 3 章的内容是小冰期的特征和影响。长期以来气候史学家们认为这种极端气候可以作为典型案例，因此本章首先从物理学和社会学角度介绍了小冰期的情况，随后在第 4 章探讨其文化影响，从寻找替罪羊到对责任的反思和讨论，再到通过工业化，从实际出发积极适应和应对危机。最后这种策略产生了一系列影响，直接造就了我们的现代世界。

第 5 章是关于全球变暖，这里简要介绍了气候变暖的发现过程和关于其影响的讨论，相关结论集中整理在后记部分。

第1章

关于气候我们了解多少

气候史的起源

地球档案

各种自然沉积物被称为“地球档案”，若是运用自然科学的方法对其进行研究，则可让人类了解过去的气候。自从发现放射性以来，相关研究便取得了很大突破。其背后的物理学依据在于，许多元素的原子核并不稳定，在裂变时会产生辐射。借助质谱仪可以区分不同同位素的质量谱，根据具体的半衰期来判断年代。运用这一方法首先需要熟悉当地的地球化学特征，以及不同矿物质和岩石的熔点。确定同位素的半衰期之后，就能计算出岩石形成的年龄，进而了解气候的演变。

1947 年，诺贝尔化学奖得主、美国化学家哈罗德·克莱顿·尤里（Harold C. Urey，1893—1981 年）首次提出氧同位素分析法，这对气候史的研究意义重大。作为“重氢”（氘）的发现者，尤里意识到，利用氧的同位素可以测算出海水的古温度。海水中有两种典型的氧原子：氧 18 和氧 16，它们携带不同数量的中子。随着温度的变化，两种氧原子会按照特定比值留在海洋生物体内。每个氧 18 原子核内包含 10 个中子，而氧 16 仅包含 8 个中子，故而将氧 18 称为“重氧”。随着温度下降，生物体内累积的重氧含量越高于氧 16。这一方法颠覆了沉积分析法，也促进了深海钻探技术的广泛应用，推动了冰期研究取得重大突破。

威拉得·弗兰克·利比（Willard Frank Libby, 1908—1980年）于20世纪40年代末创立的放射性碳测年法同样具有非凡的意义。通过采集到的残存骨骼和各种石器工具（有人工改造迹象的石块），该方法可用于史前样本年代的确定。绿色植物通过光合作用存储有机碳，动物和人类则通过饮食摄入。这种碳交换直到有机体死亡才会终止，随后开始放射性衰变这一过程。通过碳14分析，可以确定有机体死亡的时间点。放射性碳测年法的应用范围取决于碳14的半衰期（约5730±40年），通常在4万—5万年左右。

沉积分析对于我们了解古气候的主要作用在于证明当时的气候是温暖还是寒冷、湿润还是干燥，动植物种类有哪些，是否有火山沉积物、海平面位置变化、河阶位置变化、土壤层和冰川遗迹等。古植物学和古动物学研究能够确定当时的动植物种类，判定标准化石这一传统做法则可回溯到17世纪。深海钻探技术为研究带来了新的可能性，因为“海洋的变迁”可以反映陆地发展史、水体特征、生物种类，从而让我们了解气候演变。

另一种用于测定气候的基本方法，是在极地冰盖和大型冰川中运用冰芯钻取技术，以破解气候断代之谜。到20世纪末，冰川仍占地球陆地总面积的10%，而在上一次大冰河时代，大约30%的地球陆地表面被冰川覆盖。20世纪60年代，丹麦地球物理学家威利·丹斯加德（Willi Dansgaard, 1922—　）发现，冰芯可相对准确地反映出地质年代的气候变化特征（图 1.1）。这种分析法可揭示上一次冰河纪的成因。在钻取的冰芯中，代表不同年份的深浅层次交替出现。再结合氧同位素分析，就能确定当时的气温。此外，冰芯中的存积气泡能够提供有关当时大气成分的直观信息，还可以通过放射性碳测年法确定冰芯杂质中有机残留物的年代。冰芯中如果含有火山灰，则可以用热释光法进行更精确的年代测定和归类，通过分析其中的硫酸盐来了解当时的火山活动。火山活动较为剧烈的年份被称为“指针年”，会在年轮上反映出来。

对冰芯的分析结果不仅内容丰富，而且还能回溯那段相当久远的历史，特别是在地球两大冰川——南极冰川和北极附近的格陵兰岛冰川。早在 20 世纪 60 年代，通过对北格陵兰岛冰芯计划（Northern Greenland Ice Core Project，NGRIP）钻取的冰芯进行分析，科学家们已经掌握了近 125000 年以来气候的详细情况。在距离该项目 30 千米处，格陵兰岛冰盖第二计划（Greenland Ice Sheet Project 2，GISP2）钻取的冰芯向我们揭示了 20 万年前的情况。俄罗斯与法国合作的南极东方站（Vostok）冰芯项目则透露了距今 42 万年前的信息。迄今为止获取的最古老冰芯出自欧盟南极冰芯项目（European Project for Ice Coring in Antarctica，EPICA）。2004 年钻取的这根冰芯深度达 3270 米，有 80 万年左右的历史，覆盖了过去的 8 次大冰期。这一天然的“气候档案”保存着有关史前人类生存环境的信息。

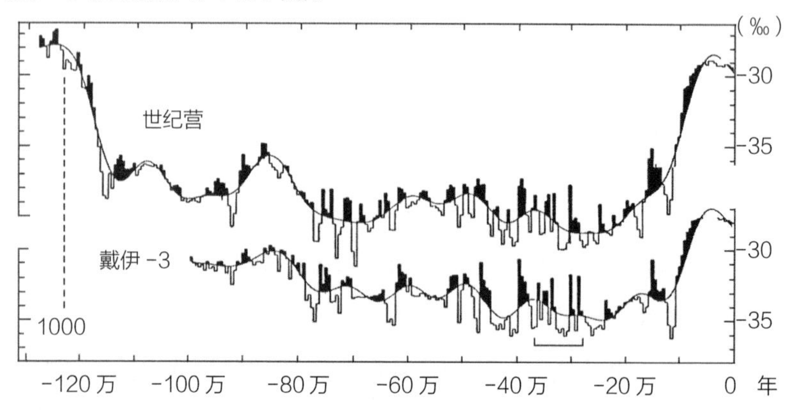

图 1.1　冰芯钻取首创者、丹麦地球物理学家威利 · 丹斯加德运用氧同位素分析法获得了埃姆（Eem）间冰期与全新世之间末次大冰期的新信息。

研究近4万至10万年之间的气候变化还可以运用其他方法，例如纹泥法（通过对分层沉积的黏土进行测年分析），孢粉分析（也称“孢粉学”，通过对沉积物中的孢子和花粉等进行分析确定古植物种类），地衣测年法（通过测量匀速生长的壳状地衣来测年，用于研究最近的冰川高峰，并确定终碛的年代），以及 20 世纪初诞生于美国的树轮年代学（测量和分析树木的年轮）。

不过，利用年轮进行气候史研究（树轮年代学）存在一定风险，并且这种风险往往被低估了。我们无法单凭狭窄密集的年轮具体判断出树木究竟是受到了寒冷、干旱还是虫害等环境因素的影响。相反，较为稀疏的年轮虽然表明当时的环境条件有利于这一树种生长，却不一定代表着丰年。粮食作物对湿度的反应与橡树或松树不尽相同。因此，与气候学者和考古学家的态度不同，跨学科文化历史研究者对树轮年代学往往持怀疑态度。

社会档案

所谓社会档案通常指的是保存在公共或私立档案馆、图书馆、数据库等场所，通过人为建立起来的传统和风俗。这些档案形成的前提是存在一套记录系统（图片、数字、标记、字母），特别是书写体系，可用于长久保存记忆。将楔形文字书写在泥板上以保存重要信息的做法可追溯至古老的西亚文明，其中最主要的使用者包括当时的国家机关和宗教机构。他们存有文书、名册和信件，还会专门编订史书。除了建筑物和碑体的铭文，大多数关于气候异象的记录都可以从这些资料中找到。此外，希腊—罗马时期的地中海地区以及同期的中国都有私人图书馆。

从中世纪开始，欧洲的许多城市陆续都有了自己的编年史，其中有不少关于极端天气的记载，以告后人。15 世纪后，印刷术的发明革新了信息的保存方式，使得信息交易场所、图书馆和公共空间的重要性大幅提升。

在各类历史记载中，天气日志是近代一种特殊的文本类型。这或许是因为古希腊罗马的先例激发了欧洲文艺复兴时期对这种记录方式的热情，同时天文学一跃成为当时新的先进科学，尤其是天文学家约翰尼斯·穆勒（Johannes Müller，1436—

1476 年），即雷格蒙塔努斯（Regiomontanus）的个人倡导。在他的天文日历中，雷格蒙塔努斯除了注明推算的每日行星位置，还会留下一行空白便于自由记录。占星学认为，行星位置与天气、农作物收成、风力和水力大小以及其他一些现象直接相关，因此日历使用者常常在空白栏随手记下当天的天气。通过系统的数据收集可以提高预测的准确性，但将预测和实际两相比较，还是会发现明显的差异。奥古斯丁修道院修士基利安·莱布（Kilian Leib，1471—1553 年）使用天气日志超过 15 年。他批评说："农谚和天体气象学的预测大多是错的。"不过诸如苏黎世神学家沃尔夫冈·哈勒（Wolfgang Haller，1525—1601 年）在 1545—1576 年间所记录的内容仍然有助于我们了解小冰期关键阶段的日常天气情况。

大量历史记录都与农作物的收成有关，可以作为代用资料使用。例如，人们直接观察到的气候现象：第一场雪、积雪融化的快慢、江河湖泊甚至海洋的封冻情况、结霜的早晚等；此外还有植物生长的情况——出于地方风俗，日本很久以前就开始记录樱花每年的首次开放；其他诸如播种、果树开花、摘果、割草、庄稼收割、采摘葡萄等情况的记录也同样如此。另外，还可以找到一些关于收成质量的间接佐证，比如谷物什一税的高低，这是交给教会（封建君主）的一种捐税，其数量与农作物的收成直接挂钩。粮食的价格也很重要，秋收时节的价格可以较为准确地反映收成情况。这些记录中往往还会提到农产品的品质，比如在阳光较少的年份酿制的葡萄酒糊比较酸。

研究中世纪晚期或近代早期的资料时，我们会发现与气候相关的信息出现得较为频繁。对有关干旱、洪水、持续霜冻等极端气候事件的记载很难单凭一次记录作出评估，因为我们无法确定这是否属于仅发生在当地的局部异常、记录是否存在夸大之处，或者只是一种人为编造的含有隐喻意味的内容。因此，一些气候学者从大型数据库中将这些小范围或区域性的记载收集起来。例如，瑞士社会历史学家克里斯蒂安·普菲斯特（Christian Pfister）整理了近 500 年的相关记录，德国地理学家吕迪格·格拉泽（Rüdiger Glaser）整理了近 1000 年的数据。整个欧洲范围内有大量的代用资料，它们不仅记载了有关历年气候的信息，有的还进一步细化到月份，1500 年之后的记录甚至具体到每天、每小时。借助这些数据，我们可以复原大范围的气候情况，甚至基于已知的气象关联重建当时的天气云图。气象学家所说的天气预报，对气候史学家而言成了“天气重播”。从更广泛的意义上说，神话学、文学、艺术、制图学的内容都可以成为气候的佐证，不过技术上还有些难度，这一点后文会再介绍。

借助仪器收集数据

仪器测量刚刚投入应用时，利用气象观测的代用数据进行计算仍然十分普遍，因为最初的测量并未全面取得成功，并且前后使用的测量刻度也不统一。1597 年，伽利略发明了测量空气温度的工具——温度计；1643 年，他的学生埃万杰利斯塔·托里拆利（Evangelista Torricelli，1608—1647年）发明了气压计。17世纪50年代，费迪南多二世·德·美第奇（Ferdinand von Medici，1610—1670年）大公建立了第一个全球监测网络，但其中的数据很难评估。监测站设在佛罗伦萨、博洛尼亚、帕尔马（Parma）、米兰、因斯布鲁克（Innsbruck）、奥斯纳布吕克（Osnabrück）和巴黎，1659年又在伦敦设立了监测站。在此基础上，1660年皇家学术促进会（Royal Society for the Advancement of Learning）在伦敦成立，首任秘书长罗伯特·胡克（Robert Hooke，1635—1703年）命人持续记录气温、气压、风力、湿度、云量以及雾、雨、雪、冰雹等情况。在胡克的建议下，巴黎的路易斯·莫林（Louis Morin，1635—1715年）医生每天收集3次详细的天气数据，此举坚持了50多年。近代早期，普法尔茨选帝侯[①]卡尔·特奥多尔（Karl Theodor，1724—1799年）和他的巴拉丁气象学会（Societas Meteorologica Palatina）开始了一次高难度的尝试——全面建立国际监测网络。他们收集数据的地点包括挪威斯匹次卑根（Spitzbergen）、罗马、法国拉罗谢尔（La Rochelle）和莫斯科。

仪器测量最早在19世纪普及开来。大英帝国借助其全球扩张成为其中的先驱，维多利亚时期（1819—1901年）的数据来自欧洲、印度、澳大利亚各地。电报等更快捷的通信方式的出现以及1866年英国到美国之间海底光缆的铺设促进了全球范围

① 指神圣罗马帝国诸侯中有权选举皇帝的诸侯。——译者注

内数据的传输和利用。不过直到20世纪后30年，覆盖全球的监测网络才刚刚出现，这时的数据传输是通过卫星来实现的。

这期间，除了主要城市和气象站的近地面气温，人类还首次获取了海水温度测量数据。从20世纪60年代开始，气象卫星的数据被制成图片，供晚间天气预报使用。成本高昂的气候模型测算则一直到20世纪末，在新一代计算机的帮助下才得以实现。

气候变化的原因

作为能量来源的太阳

太阳通过核聚变释放和传递的能量，这是地球上各种化学反应、生物反应和气候变化的基础。长期以来，太阳物理学认为太阳的辐射功率是固定不变的（太阳常数），但实际上它是波动的。早在17世纪，人们就借助望远镜发现了热平衡与太阳黑子的关联，一般而言，随着地球进入寒冷期，太阳黑子会减少或消失。现在，我们已经知道太阳黑子的活动周期大约是11年，太阳辐射周期性降低主要是地球轨道参数波动导致的。

前南斯拉夫天文学家米卢廷·米兰科维奇（Milutin Milankovic，1879—1958年）试图用地球轨道离心率以及地轴和旋转轴斜度的周期性波动来解释更新世的寒冷周期变动，因为两者高度同步。米兰科维奇假设的寒冷周期是10万年，其可在深海钻探研究中通过太平洋浮游生物体内的氧同位素分布分析得到证实（图 1.2）。这一假设得到了参与相关研究的科学家的支持，因为过去 80 万年里在同一地点附近又出现了 7 次类似的周期。冰芯研究人员也认为米兰科维奇提出的周期对于理解冰期的形成有一定帮助，并且他们在研究中也发现了相似的周期性。不过，据冰芯显示，近 10 万年以来的活动周期长短并不完全符合预测。

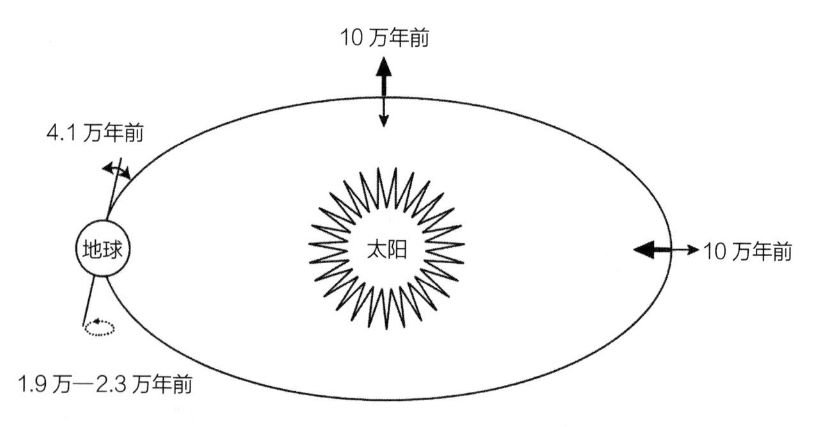

图 1.2　米兰科维奇提出的地球轨道参数周期性波动解释了寒冷周期。

地球大气层

第二个因素是地球周围的大气构成，它决定着太阳辐射作用于地球的程度。大气中含有约 20% 的氧气，80% 左右的氮气和示踪气体，其中温室气体二氧化碳（CO_2）占 0.03% 左右。通过对俄法在南极东方站获取的冰芯进行研究发现，在过去 42

万年里，空气中示踪气体的含量，特别是二氧化碳的含量与气温高低直接相关。二氧化碳含量下降伴随着地球变冷，上升则伴随着变暖。我们可以大胆假设，在更早以前也存在同样的关联性。

地球大气层对于气候的作用严格遵循能量守恒定律：太阳辐射到地球表面时，部分能量被地球反射回空间，剩下的刚好等于地球发出的热辐射。海洋和大气的作用是在气候系统内对热量进行分配，从而影响局部小气候。辐射的强度受到大气层中能够吸收辐射的气体含量的影响，这类气体除水蒸气外还有甲烷（CH_4）、氟氯烃（FCKW）、一氧化二氮（N_2O）和二氧化碳等示踪气体。其中，二氧化碳的含量变化最大，19 世纪末约为 230ppm（百万分之一），到 20 世纪末上升到 350ppm。在地球历史上的温暖期，约莫是白垩纪（1.45 亿—6500 万年前）恐龙主宰地球时，二氧化碳水平一度超过 1000ppm，此后持续下降，进入当前冰期后达到最低值。许多气候学者都坚信，空气中的二氧化碳含量与全球平均气温之间存在直接联系，这一点堪称当代气候学的基本“信条”。然而，根据东方站的研究结论，两条曲线并不是简单的平行关系，而是在波动幅度和时序上存在明显的偏离。因此，一种较为审慎的观点认为，“究竟是温度改变造成了二氧化碳含量变化还是反过来，这一点并不明确；也可能两者都受到了另一个未知因素的影响”（图 1.3）。

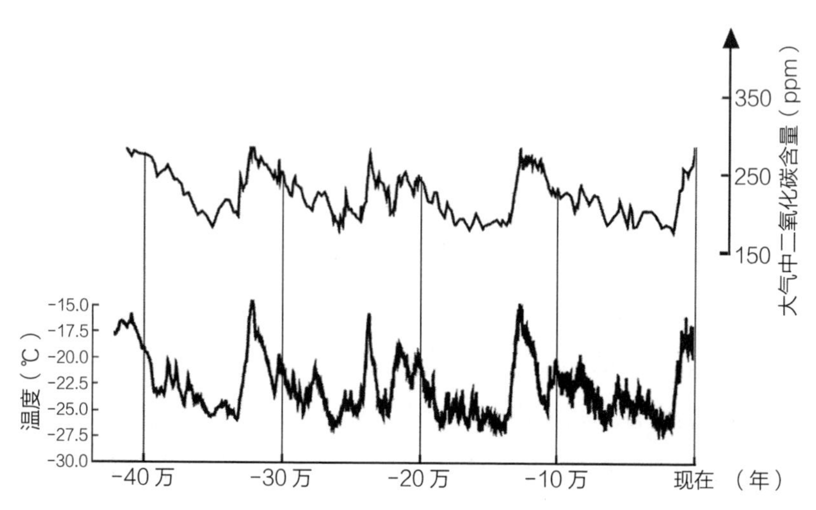

图 1.3　据南极东方站冰芯显示，近 42 万年温度变化及大气中二氧化碳含量曲线——两者之间显然存在着关联，但究竟哪个是因哪个是果呢？

板块构造运动

冰期形成的第三个因素是板块构造，即部分地壳在地幔上层的运动。原始大陆在地球表面漂移，使得洋流发生变化；当板块碰撞挤压形成山脉时，就会影响风向和降水分布。另外，这个过程还影响到陆地和海洋的面积比例以及海平面的高度。当大陆漂移到极地附近时，地球上极寒之地的海水无法再自由流动，由此形成了冰川。由于反照效应的影响，被冰雪覆盖的地表会将更多阳光反射回外太空，在正向反馈机制下进一步加剧寒冷。被新雪反射到空中的太阳辐射约占 95%（反照率），海洋的反照率不到 10%；目前整个气候系统的反照率约为 30%，在大冰期则高一些。

斯蒂文·史坦利（Steven Stanley）认为，每一次生物大灭绝都归咎于面积更大的大陆板块在漂移过程中与极地冰盖发生碰撞引发的长期冰冻。在前面提到的反馈作用下，地球进入长时间的冰期，这首先导致了热带动植物因缺乏迁徙空间而灭绝。此外，全球封冻影响到海平面高度，海洋面积缩小，从而改变了沿海和陆地的地形。即使是较晚的地质时期发生的大陆漂移仍然对气候有影响。大约 500 万年前，非洲和亚欧板块的碰撞阻断了赤道洋流，阿尔卑斯山脉隆起。随后的另一次重要板块运动发生在 350 万年前，由此形成了美洲大陆桥。南美洲和北美洲之间的缺口由此封闭，赤道洋流在此转向，墨西哥湾暖流形成，将温暖的水汽输送到欧洲。

火山作用

与板块运动相关的还有火山活动。火山大爆发将灰尘、气溶胶和气体送至高空。如果爆炸性的火山活动产生的大量微粒进入平流层，然后被高空风送往世界各地，则会使地球气温骤降，1815 年印度尼西亚的坦博拉（Tambora）火山大爆发就是如此。至于火山爆发的哪些方面会对环境产生影响，近几十年来一直都没有定论。最初人们认为平流层的固体颗粒物是导致全球变冷的元凶，因为当时已经观测到它们对阳光的过滤作用。但 1963 年巴厘岛阿贡（Gunung Agung）火山爆发后，科学家们通过高程测量发现，气体同样可以过滤阳光，其中硫化物的过滤作用最强。借助火山爆发指数量表可以很方便地比较史前和近期的火山爆发。这些事件大多有同时代的观察记录佐证，比如老普林尼（Plinius der Ältere，23—79 年）关于公元 79 年维苏威（Vesuv）火山爆发的记载。

火山爆发若要对远距离区域的气候产生影响，前提条件之一是大量气体和微粒进入平流层。近 1 万年以来绝大部分的火山爆发都没有达到这个条件，要么只能称为自然奇观，要么像冰岛大多数火山一样只对附近区域造成了破坏。西姆金（Simkin）和西伯特（Siebert）整理了全新世 5000 多次火山爆发资料，发现对全球气候产生影响的只有“普林尼式”火山喷发和 VEI 达到 3 级以上的那些。

近 1 万年来规模最大的超普林尼式火山喷发达到了 7 级，被称为“巨型火山喷发”。最近一次达到 7 级的是 1815 年印度尼西亚巽他群岛（Sunda–Inseln）的坦博拉火山爆发。受其影响，全球经历了长达数年的寒冷、农作物歉收和饥荒。虽然过去 1 万年内没有出现更高强度（VEI–8 级或以上）的火山喷发，但这绝不代表更早以前没有出现过。据估计，约 75000 年前苏门答腊岛多巴（Toba）火山爆发，曾使地球陷入长达 1000 年的寒冰期。这种现象被命名为“火山冬天”[①]，它加剧了生物的灭绝（图 1.4）。

① 火山喷发释放的大量火山灰和气溶胶阻挡了太阳辐射，从而造成地表温度骤降。——译者注

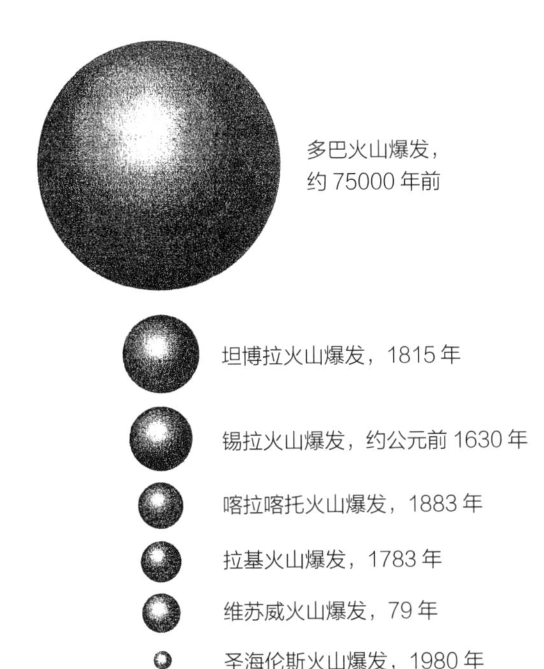

图 1.4　火山喷发可能导致全球变冷，多巴火山爆发曾带来“火山冬天”吗？

陨石

不少人认为大型陨石撞击地球，或者叫“小行星撞击地球”，是毁灭性灾难或生物大灭绝的罪魁祸首之一。但正统的古生物学家并不认同这一观点。理论上，陨石撞击地球造成的影响与火山爆发差不多，我们会在介绍显生宙第五次生物大灭绝时一并探讨。

地球诞生以来的古气候

以温暖期为主的地球气候

目前我们正处在大冰期。在全球变暖的话题背景下，这一点应该会令不少人感到惊讶。因此，在探讨如何应对当前的地球气候之前，有必要先了解地球历史早期的气候，即古气候。地质学对于冰期的定义是，在极地和高山地区存在冰川。这种程度的封冻在整个地球历史上共出现过 5 次：前寒武纪 2 次，古生代 2 次——古生代是显生宙（“看得见生物的年代”）的开端，第 5 次大冰期出现在第四纪，或者按照最新的术语称为“新第三纪”，也就是我们当前生活的时期（图 1.5）。即使目前全球气候在变暖，但我们仍处于冰期。从整个地球的历史来看，冰期属于例外，因为地球在超过 95% 的时间里不存在永久冰冻。根据统计，暖期才是地球气候的特点，历史上温暖期的气温比现在高得多。

越向前探究历史，我们就越难以对地球气候下结论。天体物理学认为，在地球诞生之初，约 140 亿年前发生了宇宙大爆炸，110 亿年前银河系形成，90 亿年前太阳系星云形成。大约 50 亿年前，太阳系星云开始坍缩，随后形成了太阳及其行星。地球诞生之后，地球气候的历史由此开始。最初这里十分炎热，甚至可以说像地狱般灼热，因此地球历史的第一个阶段被称为冥古宙（Hadaikum），源于希腊语“冥府”（Hades）一词。

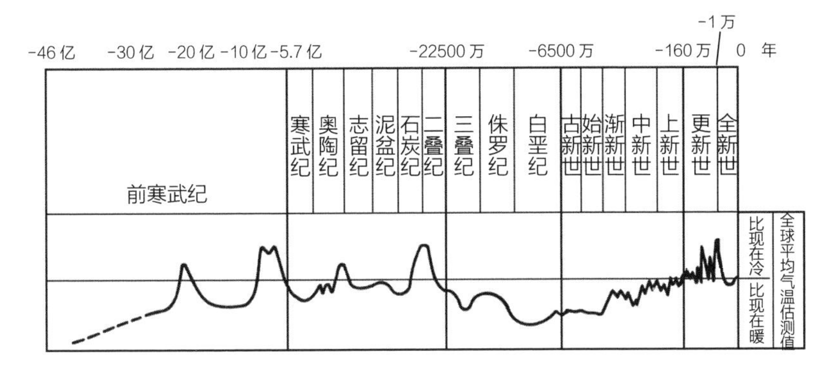

图 1.5　地球诞生以来的古气候。大部分时期比现在更温暖，但也出现了5 次冰期，我们正处于其中之一。

地质学将地球历史按等级划分为不同阶段：宙、代、纪、世、期。四个宙：冥古宙、太古宙、元古宙和显生宙，它们的命名依据是当时地球的生存环境。地球形成之初（冥古宙）大气层还未形成，缺乏生存的基础条件。这一阶段地热活动频繁，气温是地球史上最高。约 40 亿年前，随着地壳的形成，地面温度降至 100℃以下。至此，水汽才能凝结，从而形成降雨、河流、湖泊和海洋。这一时期还出现了地球最早的沉积物（37 亿年前）。

在太古宙（约 38 亿—25 亿年前）阶段，由于火山喷发等剧烈的地质活动，形成了原始大气。此时空气中的二氧化碳含量非常高，吸收了大量太阳辐射，反射的太阳光很少。这种温室效应为地球带来了适宜的温度条件，出现了古细菌这种最古老的生命体。随着水蒸气不断凝结，原始海洋和原始大陆逐渐形成。32 亿年前的古岩石中保存着最早的水循环痕迹。水蒸气还使得原始大气中的二氧化碳含量大幅下降。约 26 亿年前，藻青菌（旧称蓝藻）通过光合作用制造氧气，以二氧化碳为主要成分的大气不复存在，厌氧有机物随之死亡，这是地球历史上第一次生物大灭绝。20 亿年前，温室效应的终结引发了全球变冷，开启了休伦（Huronische）冰期，即最古老的大冰期。

在随后的元古宙（约 25 亿—5 亿年前）期间，又出现了一段 10 亿年左右的温暖期，气温显著高于其后的大多数时期，这可能是以氧气为基础的新大气形成温室效应所导致的。这一时期出现了带有细胞核的古植物，约 14 亿年前，单细胞动物出现，然后是多细胞软体动物。通过最古老的化石，我们可以大致推测当时的气候。元古宙末期地球再次陷入极寒，这是整个地球史上最冷的时期。罗迪尼亚（Rodinia）原始大陆分裂之后，所有陆地板块集中在赤道附近，这些寸草不生的岩石板块提高了地球的反照率。不断下降的气温与极地冰冻相互作用，地球全面封冻，从外部看就像一个冰球或者雪球（“雪球地球”）。在这样的环境下，约 6.5 亿年前地球发生了第二次生物大灭绝，地球生命的历史几乎再次归零。

显生宙的 5 次生物大灭绝

文献资料中经常提到的地球历史上 5 次生物大灭绝全都发生在显生宙。这一时期形成了丰富的生物体形态，但时间跨度只占迄今为止地球历史的 10% 左右。显生宙分为 3 个代：古生代（约 6 亿年前开始）、中生代（爬行动物时代，约 2.5 亿年前开始）和新生代（哺乳动物时代，约 6500 万年前开始）。

生命体何以在元古宙末期大冰期的尾声获得了新的发展空间，我们尚不清楚。火山喷发使得大气中二氧化碳含量上升，形成了新的温室效应（图 1.6），这可能是地球摆脱冰天雪地，生命体得以存续的一个原因。约 5.7 亿年前，寒武纪（6 亿—5.1 亿年前）的到来开启了显生宙，各种生物形态开始出现。寒武纪留下了大量化石（瓣鳃纲、多孔动物、甲壳纲乃至最早的脊椎动物），但其中没有发现极地冰盖存在的迹象。当时气候十分炎热，在将近 4 亿年的时间里全球气温远高于现在。进入奥陶纪（5.1 亿—4.38 亿年前）生物种类更加多样，最主要的是鹦鹉

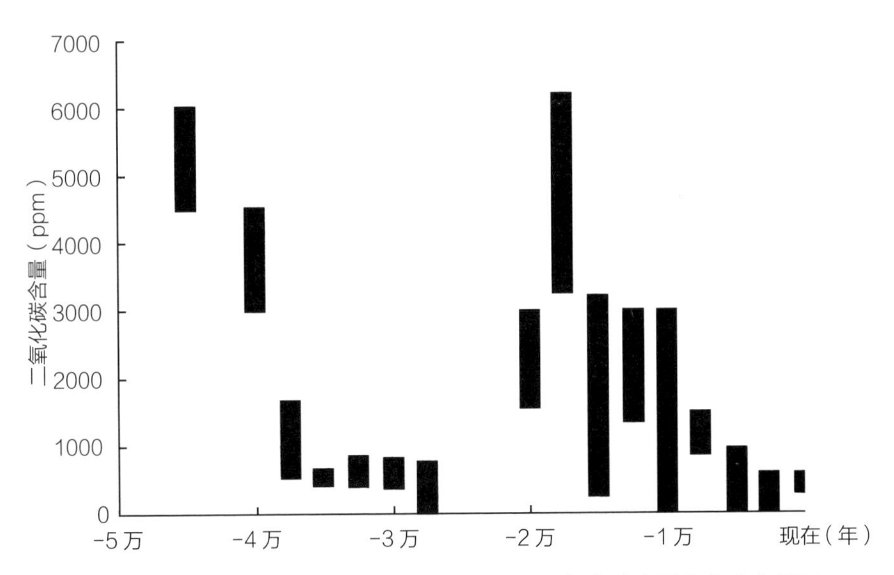

图 1.6　打破气候稳定的神话的另一事实是：二氧化碳含量在全球变暖开始之前就是不稳定的，过去 5 亿年间，在没有人为干预的情况下二氧化碳含量仍然呈现出显著的波动。

螺目动物（墨鱼和章鱼的祖先）。但这一繁盛时期后来又被寒冷打破，约 4.38 亿年前的奥陶纪晚期大冰期导致地球大部分生物灭绝。这次冰期形成的原因很可能是冈瓦纳（Gondwanaland）超大陆从南极穿过，后来它分裂成为南美洲、非洲、阿拉伯、印度、澳大利亚和南极洲等陆地板块。

显生宙的五次生物大灭绝都与冰期相伴出现：

（1）奥陶纪晚期大灭绝与奥陶纪–志留纪大冰期；

（2）泥盆纪晚期大灭绝与“泥盆纪晚期危机”导致的全球变冷；

（3）二叠纪晚期大灭绝与二叠纪大灾难；

（4）三叠纪晚期；

（5）白垩纪晚期。

二叠纪晚期，冈瓦纳大陆与其他大陆融合成为潘基亚（Pangäa）超大陆，连接南北两极。因此，这一时期极寒结束，也就是约 2.5 亿年前的石炭纪–二叠纪大冰期。伴随此次大冰期的是“空前绝后的大灭绝”，1000 万年间 75%~95% 的海洋动物消失，但与之前不同的是，陆地生物这次没有全部灭绝，仍有一小部分存活了下来。二叠纪大灾难在文献资料中被称为“大规模灭绝之母”，这是古生代到中生代的转折。

地球历史上的最高温度出现在白垩纪（1.45 亿—6500 万年前），距今约 1 亿年。当时空气中的二氧化碳含量达到最大值，南北两极的位置和现在差不多，极地冰盖完全融化，海平面升高，大陆架因海侵而被淹没，板块运动使得阿尔卑斯山脉和落基山脉隆起。这一时期还形成了大量石油和天然气矿藏。陆地上开始出现恒温动物、哺乳动物、灵长类动物、原始有蹄类动物和鸟类，恐龙向北迁徙到阿拉斯加。中生代晚期又发生了一次生物大灭绝，导致恐龙从地球上消失。

关于恐龙灭绝的原因，人们想象过各种灾难性事件。其中，小行星（陨星）撞击地球导致全球陷入寒冬是最富戏剧性、也最广为接受的一种猜测。这种设想在有关“核冬天”[①] 的讨论出现之后变得格外流行，也直接受其影响。小行星的剧烈撞击引发了地球上的洪灾和大火，大量颗粒物进入平流层，遮天蔽日，这一阶段长达数月甚至数年之久。

然而，这一猜测至今缺乏核心依据。其他可能的解释包括超级火山喷发引起气候灾难，或者宇宙辐射、疾病等不明原因，但也不一定是外部灾难造成的。如果中生代晚期发生了像古生代晚期那样的气候变化，那恐龙的灭绝就完全可以解释了。最有可能的是温度变化，因为它的影响是全球性的，而且任何生物都无法幸免。

新生代南极洲率先变冷

新生代始于 6500 万年前的一场生物大灭绝，结果导致当时的动植物面貌发生了根本性的巨变。伴随着第三纪的开始（或

---

① 核冬天假说是关于全球气候变化的理论，它预测了一场大规模核战争可能带来的气候灾难。——译者注

者根据最新的术语称为“古近纪”），地球进入延续至今的大冰期（新生代大冰期）。目前，南极地区被南极洲大陆覆盖。由于这里常年冰冻，我们便常常忽略了它是一块陆地。起初，南极洲大陆是冈瓦纳大陆的一部分，位于赤道附近；后来随着板块漂移来到南极地区，从古新世（6500万—5500万年前）开始逐渐被冰雪覆盖。造山运动影响了空气循环和降水，使地球的气温进一步降低。阿尔卑斯山脉、落基山脉（科迪勒拉山系）不断延伸，约4500万年前，亚欧板块与印度洋板块碰撞又形成了喜马拉雅山脉。自渐新世（3400万—2300万年前）与澳大利亚分裂以后，南极大陆周围便环绕着寒流，暖流被阻隔在外。随着陆地位置与今天越来越接近，我们所熟悉的洋流逐渐形成。在早第三纪（古近纪）期间出现了一次大降温，当时欧洲的年平均气温从20℃以上降到12℃左右，中生代的暖湿气候被温差很大的季节性潮湿气候所取代。

最近一次冰期在近200万年以来，也就是进入更新世以后才显现其威力。从人类历史的角度来看，这才是真正的“冰期”。除南极地区以外，北半球广大地区也常年被冰雪覆盖，只不过冰冻的范围会出现波动。利用深海钻探技术，运用氧同位素法可以确定更新世早期（约240/180万—78万年前）的气候。当时冷暖期持续交替出现，科学家们借助“自然档案”确定了20多个冷期和暖期的存在。冷期的年平均气温降幅12℃左右，表层海水温度降幅达到7℃。阿尔卑斯山雪线下降达到1500米，水凝结成冰引起的海平面最多下降了200米（图1.7）。

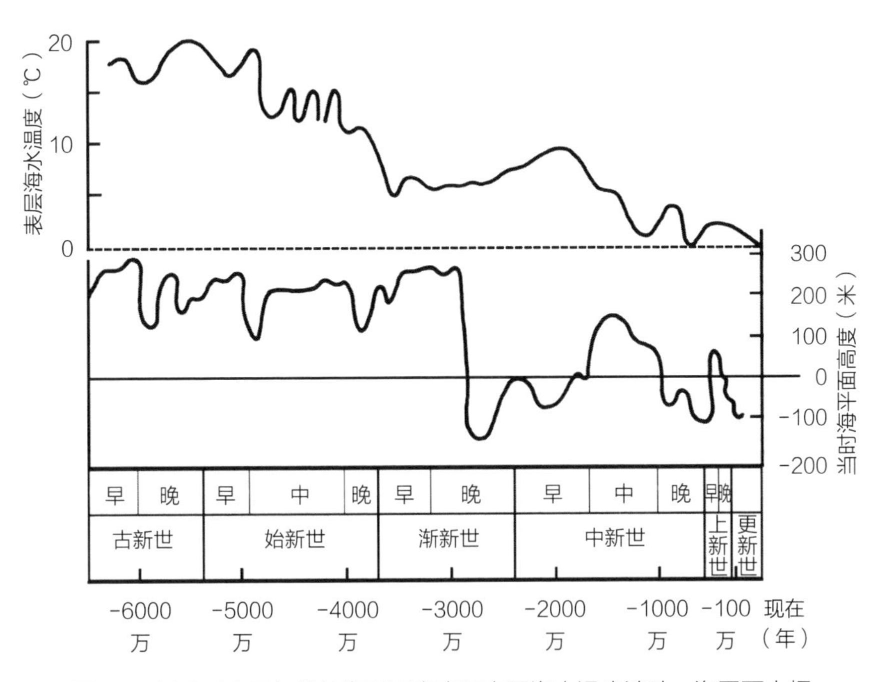

图 1.7　近 6500 万年前的海平面高度和表层海水温度波动；海平面大幅降低显然与渐新世、中新世和上新世的大冰期相对应。

古生物学研究证实了上述更新世早期的情况。北半球持续的寒冷通常伴随着降水量减少和动植物群的相应变化。亚欧大陆和北美大陆的森林被森林草原和草原取代；今天非洲和美洲的稀树草原所在地区，以及亚洲的森林和草原在当时都成为干旱区。因为许多动物都以特定的植物为食，故而植被演替引起了动物的迁徙。一些非常特殊的动物种类，例如两栖动物，它们的生存空间被压缩。其他动物则逐渐适应了植被分布范围的显著变化，部分大型哺乳动物，例如大象、犀牛、马和牛甚至因气候变化导致的草地面积扩大而受益。更新世早期快要结束时，中欧出现了能够适应极寒环境的猛犸象、披毛犀和麝牛。

气候变化与人类进化

普遍认为，原始人类的进化受到地质过程和气候变化的影响，甚至取决于其影响。其中，非洲大陆东部断裂带（东非大裂谷）的形成在人类进化过程中扮演了特殊的角色。板块张裂形成峡谷，容纳了极为丰富的生态。此地气候多变，这种外部的不确定性刺激了人类的进化。大约 1000 万年前，大规模寒潮过后，东非高原上出现了人类的祖先——南方古猿。但它们并非树栖，而是灵长类陆栖动物。森林的退化和稀树草原的扩大给它们提供了更加广阔的生存空间，直立行走帮助它们获得更好的视野，并且解放了前肢。

当前研究认为，南方古猿并非“掠食性的猴子”，因为它们不具备打斗所需的尖牙利爪。它们很可能以腐肉为食，当时动物繁多，食物应该很充足。与其他大型食腐动物相比，原始人类的优势在于其灵敏性。南方古猿会使用锋利的黑曜石来切割战利品，这种工具在东非火山地带不难找到。直立形态有利于发现猎物和运输战利品；另外，区别于其他掠食性动物卓越的嗅觉和听觉，远距离和立体视觉成为人类的特点。原始人类的其他特征也伴随着食腐的习惯而逐渐形成：肉类提供的营养促进脑部发育，与更强大的食腐动物发生冲突时奔跑的耐力增强。受东非地区气候影响，它们的毛发逐渐脱落，裸露的皮肤和独有的身体降温机制（长出汗腺以便于身体通过发汗降温）使得它们在高温下仍能维持体温的稳定，让身体保持在最佳状态。

通常认为，人属动物，也就是原始人类的出现是冰期导致的。原有生存空间被摧毁，这是达尔文进化论式的威胁，带来的是动植物灭绝潮和自然选择下产生的新物种。水体结冰使得全球气候更加干燥，人类的“摇篮”东非高原也不例外。原始人类逐渐分化为两支：一支演化成更强大的南猿，可以通过进食大量又干又硬的植物而存活；另一支则进化成了身形较小的“人类”（图 1.8）。

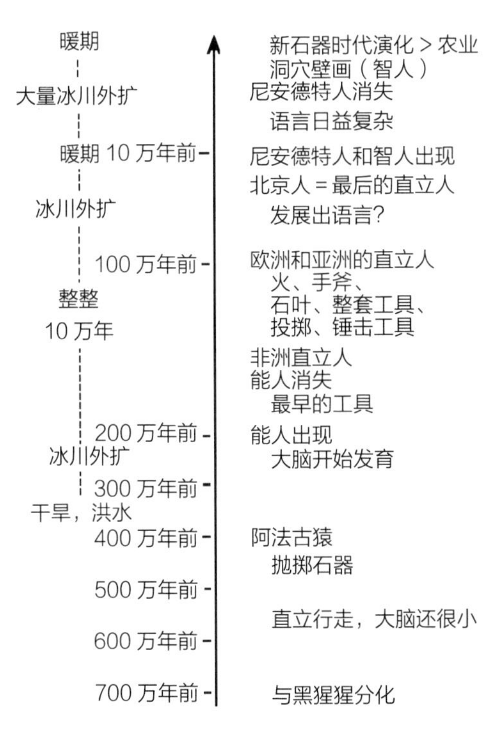

图 1.8　原始人类的演化、文化史与气候。

人属动物的另一个进化优势来自肉类的摄入，大脑的发育进一步提高了它们的生存能力。能人，这种体重约 40 千克的灵长类动物，直立形态与现代人相似，大脑体积达到 500~800 立方厘米，已经能够使用简单的石制工具，这也是他们名称（“能”）的由来。能人会通过大力敲击石头来制作简单的工具，还有不少证据表明他们有意识地将掌握的技能传给后代。第一个可识别的人类就是能人。以位于坦桑尼亚境内的发掘点命名的奥杜韦文化（Oldowan-Kultur）已经会使用火，甚至掌握了生火的技能。能人还未雨绸缪，携带工具迁徙。

气候变化与旧石器时代第一次全球化

前面所说的这些特征在人类进化到下一阶段时表现更加明显，也就是约 180 万年前首先在东非地区出现的直立人。这些原始人类的大脑体积超过 1000 立方厘米，差不多是现代人的 70%。直立人的大脑形状虽然还是原始的，但已经开始直立行走，这也是他们名称的由来。他们身高 1.5~1.8 米，体重约 50 千克，看起来仪表堂堂。直立人是人属动物中第一个离开非洲向世界各地迁徙的种类。约 100 万年前他们抵达东亚，在这里留下足迹，这部分人被称为“北京人”或“爪哇人”（已知年代在 140 万年前）。最近发现的佛罗勒斯人（Homo floresiensis）有可能也属于直立人种。不过，爪哇岛、佛罗勒斯岛（Flores）、婆罗洲和菲律宾群岛发现的骨骼都没有海上航行的痕迹，因为当时这些地方和日本一样仍然和大陆相连。同时，亦无法通过海路去往马达加斯加、新几内亚和澳大利亚。从非洲大陆走到东南亚看似工程浩大，但实际上从东非到东亚的路程花了 2 万年，每代人大概只走了 20 千米。

和他们的先辈一样，直立人也有自己的“文明”。1872 年在今亚眠郊区圣阿舍尔（Saint Acheul）遗址发现的阿舍利（Acheuléen）文化，当时传播到了整个非洲、欧洲、西亚乃至印度的部分地区。阿舍利技术的代表物之一是加工精细的手斧，这是冰期的一种多功能石器，可以敲击、挖掘和刮平；另一种是砍砸器，既可以用于制作木头工具，也可以用于生火。由于直立人从事各种各样的手工活动，因此也被称为“匠人”，即“工匠”。部分古人类学家认为，直立人是现代人真正意义上的祖先。在非洲，奥杜韦文化之后出现了阿舍利文化，后者大约始于 150 万年前。在欧洲，考古发现类似的文化出现在大约 100 万年前，一直延续到 10 万年前。有趣的是，随着手斧的出现，直立人文明开始分裂，因为整个东亚和东欧部分地区一直使用更简单的石制工具。这样一来，世界便分裂成两种拥有不同技术特征的“文明”。出现这种分歧的原因尚不明确，可能是由于阿舍利文化是在直立人离开亚洲之后才出现的。

原始人类在全球范围内的扩散与气候变化紧密相关（图 1.9），当北半球处于冰期时，非洲大陆却迎来了强降水。雨季使得森林朝着稀树草原的方向变化，直立人的生存空间缩小。但与此同时，一大片不毛之地也不再阻断热带非洲与世界其他地方的联系。丰沛的降水使撒哈拉沙漠及其南部萨赫勒（Sahel）地带变得肥沃，吸引了直立人继续向这里迁徙。植被演替在人类历史上出现过多次，但这还是直立人第一次因此而受益。

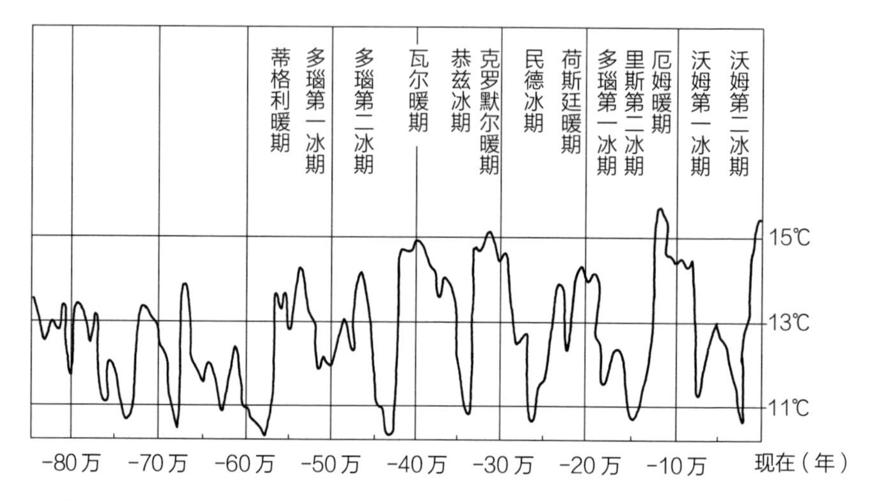

图 1.9　近 85 万年的温度变化。利用深海钻探进行沉积分析，结果进一步证实了冰芯研究所得出的结论。

剧烈的气候变化对人类的适应能力提出了更高的要求。面对雨林到草原、潮湿到干燥、温暖到寒冷的反复切换，人类要么迁移，要么就地适应。熟悉的猎物分布范围扩大有利于猎人的迁徙，至少第一批直立人和他们的猎物是同时出现在欧洲的。迁徙的前提是能够适应气候区的切换，为此原始人类首先得学会在肉食和素食之间转换，也就是说，变得“杂食”。此外，他们还必须将在旧环境的某个地方习得的经验迁移到类似的新地点，这种抽象活动要求原始人类具备更强的信息传递能力，并且促进了思维的形成。

第2章

全球变暖：全新世

冰期的孩子

智人所处的气候史阶段在今天看来可能有些吓人。说得夸张一点，我们人类算得上是“冰期的孩子”。之所以形成“现代人”的概念，是因为 20 世纪 80 年代发现的证据证明，所有现代人类都有一个共同的祖母，那就是 15 万—20 万年前生活在东非的线粒体夏娃。研究人员通过人类遗传物质，即几乎只源于母系的线粒体 DNA（mtDNA）证实了这一点。线粒体 DNA 的特点是定期突变，因此可以用来判断年代。所有现存人类的线粒体 DNA 虽然在非洲范围内存在差异，但在非洲以外的地区却是高度相似的。科学家们根据这一事实推断，智人与直立人、尼安德特人等更早期的原始人类之间并没有杂交，否则遗传物质中多多少少会留有线索。

不过，这位“夏娃”并非孤身一人。据估计，因为东非大裂谷的形成而获得选择优势的约有 1 万人，他们比早期原始人更强壮——尼安德特人可能除外。尼安德特人本就是智人种，在这之前他们已经走出非洲，在欧洲的广袤森林里成长为优秀的猎手，适应了冰期的生存环境。

近年来，研究人员提出，所有现代人之所以源于同一个祖母，可能是由于一场史前灾难使得大部分早期人种灭绝，只有一小部分智人存活下来，导致基因池种类减少、规模缩小，集中到了同一个发展谱系上。以纽约大学迈克尔·R. 兰皮诺（Michael R.Rampino）为代表的地质学家和以伊利诺伊大学史坦尼·H. 安布鲁士（Stanley H. Ambrose）为代表的人类学家认为，所谓“原始灾难”可能是一次超级火山喷发，即约 75000 年前印度尼西亚苏门答腊岛北部的多巴火山大爆发。这次火山喷发将大量火山灰和气溶胶送入平流层，由此形成的云层持续数年不散。目前全球范围内的冰芯研究和地面沉积物研究都可以印证此次火山活动的存在。

灰尘和气溶胶进入平流层导致气温迅速下降，部分地区降温达 15℃，全球范围内达到 5℃，且降温持续多年。“火山冬天”影响到了植物的生长，进而影响到了陆地和海洋的食物链。热带植被很可能被大规模摧毁，温带的森林也被破坏。幸存的植被严重受损，需要几十年的时间才得以恢复。多巴火山喷发所造成的影响远远超过后来的其他火山。由此可以解释为什么智人在早期的数量一度锐减，几乎濒临灭绝。

在植物界恢复生机之后，幸存的智人获得了得天独厚的发展机遇，因为周边环境又变得宜居了，并且没有竞争对手妨碍他们的大规模迁徙。由此带来了人口的迅速增长，同时也不排除各个群体对环境的适应能力增强。“火山冬天”的其他影响目前尚不明确，例如多巴火山大爆发对后续的原始人迁徙和技术革新产生了多大的影响，以及后来持续 1000 年的极寒气候的反馈效应。

白令陆桥与人类的全球化

和其他原始人类一样，智人离开非洲的起因也是气候变化。森林在间冰期会向外扩展，导致稀树草原的大型动物减少以及昏睡病、疟疾等热带疾病的传播。同时，以前的沙漠地带在雨季变成了新的宜居空间，因为退化的热带稀树草原重新生长出来了。和尼安德特人一样，现代人的祖先找到了穿过巴勒斯坦前往欧亚大陆的通道，然后像直立人一样从这里前往东南亚。大约 7 万年前，智人已经散布到了整个南亚。

这个过程中尤为有趣的一段是人类迁往澳大利亚。约 35000 年前，智人通过大陆桥迁居印度尼西亚群岛和干旱的巽他大陆架（Sunda-Shelf），他们的后代后来到达了当时的“大澳大利亚”，包括了现在的澳大利亚、塔斯马尼亚、新几内亚和附近的莎湖陆棚（Sahul-Shelf）。在他们的水上迁徙路线中，最窄处都有近 90 千米。据估计，在 35000 年前旧石器时代的人类可能已经掌握了用木排、独木舟等工具渡过海峡的技能。平静的海域加上温暖的气候，再加上充足的淡水，在海上生存一段时间并非不可能之事。这批“移民”于是成为澳大利亚的原住民，约 3 万年前已经有人在澳大利亚南端开采燧石，塔斯马尼亚也有人定居。

关于人类迁居美洲的过程说法不一，但都绕不开白令陆桥（Beringia）。18 世纪 20 年代，丹麦航海家维图斯·白令（Vitus Bering，1681—1741）受沙皇彼得大帝委托，对西伯利亚东部海岸进行勘探，白令陆桥便是用他的名字命名的。这里连接了亚洲和美洲，在末次大冰期中屡屡露出海面，现在已经完全淹没在白令海之下。白令海峡最窄处连接俄罗斯楚科奇半岛和美国阿拉斯加州，宽度只有 90 千米，但在当时的气候条件下，几乎不可能用石器时代制造的筏子渡海。人类从亚洲通过白令陆桥向东迁徙，最有利的机会出现在几次较长的冰冻期（约 5 万年前和 25000—14000 年前），彼时海平面下降较多。陆桥的生存环境与附近的西伯利亚地区相差无几，气候严寒干燥，这也是陆桥没有结冰的原因。花粉分析显示，这里的夏季生长着野草、低矮的灌木以及阔叶树等苔原植物，足以供养多种多样的冰期动物。经骨骼化石研究证实，这里曾经生活着长毛猛犸象、麝牛、美洲野牛和驯鹿。

冰期的亚洲人类只需沿着大型猎物的足迹就能达到阿拉斯加，然后从这里穿过无冰带，经过加拿大地盾区继续往南。关于这次迁徙的具体时间，学术界看法不一。一些研究宣称，在智利南部或巴西利亚发现了 3 万年前人类居住的痕迹。原则上这是可能的，但出现得极为罕见。迄今为止的研究显示，西伯利亚苔原地区 2 万年前才有大型野兽捕猎者居住，而想要走到白令陆桥，就必须从此地的最东端出发。根据叶尼塞河东段杜赫泰（Dyukhtai）的发掘情况，当地最早的文化聚落出现在 18000—12000 年前。他们的活动范围一直延伸到楚科奇半岛东端，而这里也是美洲人的祖先最早生活的地方（被淹没的白令陆桥除外）。

目前已证实的北美洲人类活动痕迹最早出现在15000—16000年前，在今加拿大境内一处考古洞穴发现了被剥去皮肉的猛犸象骨骼。12000—15000年前，此地还出现了做工精细的小刀等石器，和西伯利亚东部发现的一样。冰期末期，白令陆桥被淹没之前，这里的植物生长繁盛。据估计，当时已经长成了桦树林。可能还有更多聚落向北美洲迁徙。过着游牧生活的早期人类从这里继续迁徙，12000年前已经开始定居于气候凉爽的南美洲南部。白令陆桥被淹没之后，全新世初期形成了第一个真正意义上的美洲文明聚落：克洛维斯（Clovis）狩猎文化，得名于1932年在新墨西哥州发现的遗址。这些猛犸象猎人的后代就是数千年之后欧洲人口中的“印第安人”。末次大冰期的海平面下降使得人类四处迁徙，自此之后欧亚文化、美洲文化和澳洲文化各自发展。

维尔姆冰期的欧洲

约5万年前，智人适应了寒冷的生存环境之后，可能就从巴勒斯坦继续向北迁徙了。接着他们到达亚洲，约4万年前又穿过博斯普鲁斯海峡抵达正处于冰期的欧洲。当时的小亚细亚和欧洲大陆相连，黑海还是片内海。在位于法国多尔多涅区（Dordogne）的克罗马农洞窟（Abri Cro Magnon）中，发现了高额头、小牙齿、眼眶凹陷的现代人类遗骸。这些人被称为克罗马农人，他们的骨骼几乎与人类别无二致。

那时，欧洲大部分地区的气候相当恶劣。北欧被厚厚的冰盾覆盖，从北极圈延伸到德国北部平原地区。海平面受冰冻影响大幅下降，导致不列颠群岛与欧洲大陆成为一个整体。全球范围内的高山冰川陆续滑向低地，形成许多谷地（“冰蚀谷”）和盆地，其中盆地在末次冰期的尾声形成了我们今天所熟知的那些大型湖泊。约 2 万年前，末次冰期达到顶峰时，大型河流全部干涸，冰川与河水冻成一块，河床深处也结了冰。这听起来十分骇人，但近期的研究却展示出另一幅美好的画面：当时欧洲的环境对于人类而言可谓格外宜居，气候高度稳定，天气也完全不像现在这样多变。夏季悠长且气候温和，冬季虽然寒冷，但北极地区还未降至最低温，并且天气相当干燥。冰期的冬季和阿尔卑斯山晴朗的冬日差不多——这里的人们冬天也晒得到太阳。当时的平均气温比现在低 4~6℃，但由于比较干燥，并不会让人感到不适。春天来得较晚，不过夏季气温能达到 20℃左右。

低温限制了植被生长，但中欧的冰期苔原与极地苔原大相径庭。由于地理纬度的原因，这里常年日光强烈，夏季气候温暖，加上大量冰雪融水使得植被生长十分茂盛，进而为动物提供了充足的食物。冰期苔原生活的大型动物种类堪比东非稀树草原，包括猛犸象、披毛犀等大型食草哺乳动物和其他一些巨型动物，此外还有野牛、麋鹿、赤鹿、洞熊和狮子、鬣狗等大型食肉动物。当时人类可能也和某些动物一样以腐尸为食，反正借助“天然冰箱”，可以很方便地冷冻保存食物。当然，除此之外他们还掌握了新的技能：猎捕大型猛兽。

最早的欧洲人与艺术的诞生

随着特定生产方式的出现，旧石器时代后期的人类历史分为不同阶段，由此形成了不同的地域文化。例如，我们所熟知的公元前 4 万—3 万年遍布欧洲的奥瑞纳文化（Aurignacien），因最初发现于法国的奥瑞纳克山洞而得名。这一文化的特点是最早运用石叶加工技术。他们使用的尖状骨器底端带缺口，可以安装手柄，石制刀具打磨得很锋利。彼时处于冰期中相对温暖的阶段，最早的艺术开始出现，或者说得更正式一点儿：艺术从此诞生。

除了加工精细、富有特色的石制工具，令人惊讶的是奥瑞纳文化还有大量精美的雕刻制品，比如用洞熊骸骨制作的雕刻，材料有可能是在洞熊冬眠时从它们的洞穴中取得的。装饰物也有很多，例如穿孔的兽牙、蜗牛壳、贝壳，石制和象牙制的珠子，其中一部分来自地中海地区。奥瑞纳文化的雕像代表作品是著名的“维伦多夫的维纳斯”，出土于奥地利瓦豪（Wachau）。这一作品强调了女性旺盛的生育能力，简化了头部细节。德国巴登-符腾堡州（Baden-Württemberg）存在大量奥瑞纳文化遗址，其中施瓦本山（Schwäbischer Alb）盖森科略斯特勒岩洞（Geißenklösterle-Höhle）出土了猛犸象牙雕刻制品、洞熊骨雕、野牛骨雕、野马骨雕以及手臂上举的直立人像。罗纳塔尔（Lonetal）霍伦施泰因-施塔德尔（Hohlenstein-Stadel）洞穴出土了最重要的冰期艺术作品之一：狮头人身像。研究认为，这件小型雕塑具有宗教意味，因为它暗示动物变身，这与萨满教的信仰体系相吻合。

在艺术诞生的最初阶段就出现了充满想象力的洞穴绘画，这些作品不久前才在多尔多涅区的肖维岩洞（Grotte Chauvet）被发现。在这座大冰期的“西斯廷教堂”中保存着内容丰富的大型动物壁画，人类在其中以猎手的形象出现，岩洞位于险峻之处，洞内必须靠火把才能勉强照明。肖维岩洞的这组艺术作品展示出前所未有的空间感，因为作为一个装饰华丽的宗教场所，这里不太可能仅作一次性使用。据推测，当时的人类可能经常来到此地处理宗教事务或举行仪式。在他们之前，原始人类过着游牧狩猎生活，随大型野兽一起迁徙；奥瑞纳文化则将宗教活动固定在特定的场所。该文化时期的人也是欧洲人的祖先。

约 2 万年前冰期达到顶峰时，生活在欧洲南部无冰地区的克罗马农人安然无恙。在气候极其恶劣的这段时间，因发现于法国梭鲁特地区（La Solutré，约公元前 22000—前 18000 年）而得名的梭鲁特（Solutréen）文化诞生了。这一文化的特点是原石的热加工、制作叶形尖状器和使用压制技术。出土的小针表明梭鲁特人已经能够用兽皮缝制衣物和帐篷。根据今捷克境内下维斯特尼采（Dolni Vestonice）的考古发现，当时的人类住所深入地下一米，可以提高墙体的密封性，抵挡冬季的风暴。这些房屋墙体以兽皮为材料，用木桩固定。除了木头，人类也燃烧猛犸象的骸骨取暖。在现在的乌克兰也发现了原始人住所，猛犸象骸骨在这里被用来建造长达 12 米的房屋。总体而言，当时的人口密度很低。冰期达到顶峰时，法国作为整个欧洲人口最集中的地区，大概也只有 2000—3000 位居民。

间冰期与全新世：文化

末次冰期结束后，全球气候开始变得更加温暖湿润。部分地区有时温度突变，这一现象后来被威利·丹斯加德和汉斯·奥奇格（Hans Oeschger）发现，因此被命名为“丹斯加德-奥奇格事件”。冰川退缩之后，欧洲的动植物迅速向北扩张，亚洲北部其他地区也是如此。由此拓展的不仅是地理上的生存空间，还有时间窗口——那些已有人类居住的地区植物生长期延长。随之产生了一种新的文化，一方面它与前期各种文化有着明显的关联性，另一方面在丰富性上又令此前的所有文化都相形见绌，这就是马格德林文化（Magdalenien）。它存在于公元前 18000—前 10000 年，分布范围从西班牙北部、欧洲中部、一直到俄罗斯，因最早发现于法国多尔多涅区拉马德莱纳（La Madeleine）岩棚而得名。在已知的马格德林洞穴壁画中，80% 以上产生于 15000—12000 年前，比如拉斯科（Lascaux）洞穴、多尔多涅佩什梅尔（Peche-Merle）洞穴和西班牙北部的阿尔塔米拉（Al-tamira）洞穴。这一时期的人类猎手们过着半游牧生活，很可能已经开始驯养动物。

虽然自极寒之后，法国人口翻了 3 倍，增加到 6000~9000 人，但人口密度仍然很低。想象一下，当时的人类就像现代游牧部落一样，20~70 人在一起群居，因为这样便于控制冲突。这些小部落还可以进一步组织成 500~800 人的大部落。骨骼分析显示，他们的平均寿命不到 20 岁，只有 12% 的人活到了 40 岁以上，而且全部都是男性。这些人类的骨骼残缺不全，还有受伤的痕迹。当时可能已经形成等级制度和社会阶级。俄罗斯和意大利的几处墓穴中出土了上千颗象牙和兽齿制成的珠子，据估计是墓主人衣物上的装饰。其中有的墓穴埋葬着幼童，因此这些装饰物不可能是小主人自己获取的，只可能是继承得来的。可见在旧石器时代，从前的平等主义社会已经告一段落，身份地位的象征变得越来越重要。

巨型动物的消失

随着全新世的到来，冰期的大型动物相继灭绝，人类的生存环境恶化，马格德林文化消失了。关于大型哺乳动物灭绝的原因，各类文献众说纷纭。有人认为，人类“闪电战”式的捕猎使得这些动物走投无路，形成了全球范围内的“史前大屠杀”。同时，也有人说巨型动物并没有完全灭绝，我们所熟知的大象仍然生活在非洲、印度和东南亚，此外长颈鹿、犀牛和野牛也存活了下来。野马虽然在美洲消失了，但在亚洲还存在，只不过最后被人类驯化了，牛也一样。

时至今日我们认为，披毛犀、洞熊、欧洲剑齿虎和猛犸象的灭绝主要是气候变化导致的。大冰期快结束时森林范围扩大，高沼地的孢粉图谱也印证了这一点。亚欧大陆南部和北美洲的冰期苔原消失，巨型动物失去了生存空间，猛犸象、披毛犀、巨鹿和野马也没有了食物来源。苔原退化到北极地区，大型动物只得随之北上。但北极的气候条件远比它们之前的家园更极端，因为这里冬季的气温要低得多。

在纬度较低的地区，对大型动物影响更大的不是温度升高，而是湿度上升。从西伯利亚永冻层中的猛犸象遗体可以发现这种动物的进化劣势：它们的皮毛对湿度很敏感。和现在的大象一样，它们没有皮脂腺，无法分泌油脂润滑毛发。这一点在冰期没什么问题，但后来情况不同了。它们的毛发会大量吸收空气中的水分，因此很难变干。一头湿漉漉的猛犸象很容易陷入沼泽地，前面提到的冻土样本正是在这样的地方发现的。天气暖和以后，麝牛很容易感冒，进而诱发肺炎。据估计，气候变化导致大型动物数量下降了 99%。至于它们以前是怎样安然度过间冰期的，这一点还不明确。厄姆间冰期的温度跟全新世也差不多，也许这期间人类的出现和捕猎行为确实起到了某种作用。

全球变暖与文明

“人类出现于全新世”，瑞士作家马克斯·弗里施（Max Frisch，1911—1991 年）如是说道。但前面我们已经了解到，人类是“冰期的孩子”。斯蒂芬·施奈德（Stephen Schneider）和兰迪·隆德（Randi Londer）告诉我们，全新世的全球变暖带来了“文明的气候”。虽然在讨论气候变暖时很少有人这么说，但确实是全新世的全球变暖促进了人类高度文明的兴盛。“全新世”这一概念是1885年在国际地质大会上确定下来的，用来表示近1万年这个最年轻的地质时代，其特征是处于大冰期内的气候温暖期。从文明史的角度来看，全新世确实自成一体，因为这期间形成了全新的人类文明，我们所亲历的文明正由此发展而来。

进入全新世，智人开始大规模改造自然，建造文化景观。最初，他们在一些条件优越的地区开垦耕地、驯养动物，游牧的猎人逐渐定居下来。经过“新石器革命”，也就是新石器时代早期人类生活方式的彻底转变，人们开始有意识地生产食物，同时食物加工、储存和房屋建造的水平也有所提高。由此发展出了差异明显的社会阶层，以及作为高度文明（古老文明）核心的第一批城市。世界人口不断增长，到了全新世初期，已经有约500万人。

阿勒罗德黄金期的第一座庙宇

从末次大冰期到全新世冰后期的过渡阶段气候寒冷干燥，其中夹杂着温暖期。阿勒罗德间冰期得名于丹麦境内的考古遗址。约12000年前（公元前10000年），由于气温和环境湿度上升，这里的森林范围开始扩大。马格德林文化向北传播到此，形成了新的变体。这里最重要的考古发现是一处由直径6~8米的圆形房屋组成的大本营，通过在石板上燃起火堆，可以给房屋供暖，屋内立柱支撑着锥形房顶，“墙体”和屋顶使用的材料可能是马皮，地面挖有灶膛，可以用加热的石块来烹饪食物。这些房屋并非常年有人居住，因为当时的人类需要随猎物进行迁徙。和之前的旧石器时代文化一样，马格德林文化仍然以狩猎大型野兽为主，不过他们的猎物主要是马和驯鹿。他们的艺术作品包括装饰品、小型动物雕塑和女性塑像以及几何符号。全新世开始之后，大型动物的灭绝使他们失去了赖以生存的基础，于是这一文化便消失了。

与此同时，近东地区人类的生活方式出现了全面变革。智人在此地定居以前也建立了固定的宗教场所，石器时代的狩猎者和采集者们会定期集会。特别是在后来那些人类高度文明的诞生地，近期考古工作又有了惊人的发现。位于安纳托利亚哥贝克力（Göbekli Tepe，土耳其语，意为“大肚山”）的雄伟石阵是世界上最古老的庙宇，负责发掘的克劳斯·施密特（Klaus Schmidt）研究发现，该石阵约在12000年前建造。以绘画装饰的洞穴——被用作固定的宗教场所——已存在了数千年之久，但用石制工具加工出巨型石柱并把它们竖立起来排列成规则的圆形，却是一个需要协作才能完成的全新任务，其中可能涉及更为复杂的社会组织形式以及宗教领域的改变。这里甚至可能与当时气候变好直接相关：为了大地难得一遇的丰收，人类必须感谢天神，而进行这类活动的最佳地点莫过于建在山上、遥望天空的庙宇，人们会从四面八方赶来这里集会。

不久以后，人类就在近东找到了定居点。美国考古学家史蒂文·米森（Stephen Mithen）谈到冰后期的考古发掘时认为，得名于巴勒斯坦瓦迪·纳吐夫（Wadi Natuf）的纳吐夫文化完全是由石器时代的居民打造的，当时他们还没有掌握耕种、畜牧和制陶技术。当地的村子里出土了以黑曜石作刃的镰刀，但没有发现有目的地种植谷物的痕迹。根据人类骨骼和牙齿化石的研究结果，他们也不存在缺乏食物、饥饿或打斗受伤的情形。由此可以得出结论，纳吐夫人的生活条件（气候和环境）十分宜居，所以他们能在定居后找到充足的猎物和野生谷物。直到不久前，我们还认为这不太可能，但这种模式显然相当成功：在这期间人口迅速增长，纳吐夫式的村庄进一步扩散到今以色列、叙利亚、伊拉克和土耳其南部地区。

新仙女木期的再次降温与文化衰退

约 11000 年前（公元前 9000 年），原本天堂般美好的生存环境突然消失。气候变得寒冷干燥，格陵兰岛中部的气温降幅达到 15℃，今波兰所在地区也降温 6~7℃。副北极气候再次席卷中欧，并一直延续至今；德国北部又出现了仙女木的踪迹，与之相应的动物种类和人类文明也回归了。在贫乏的自然条件下，只有狩猎文化得以存续，驯鹿成为主要的食物来源。在文化方面，人类进入旧石器时代晚期。

寒潮也影响到了地中海地区，近东的所有纳吐夫人定居点都被废弃。随着游牧狩猎生活的回归，当时的人口很可能大幅减少。气候影响了文明的发展，甚至进一步改变了部分文明。后来在近东地区的诸天众神中，代表惩罚的天气之神占据重要地位，可能就与此有关。虽然直到书写系统出现时它的形象才逐渐清晰，但其根源可以一直往前追溯，差不多到新仙女木期气候恶化时。毫无疑问，苏美尔人的风暴之神伊西库尔（Ischkur），又称“阿达德”（Adad），很久以前就已经在当地被尊为众神之首了。

全新世全球变暖与自然的变化

新仙女木期持续了1000年左右，之后便戛然而止。随着全新世的到来，地球年平均气温在短短数十年的时间内上升了7℃（图2.1），风暴强度下降，降水量翻了一番。这种极端气候变化（全球变暖）出现的原因仍未确定，相关讨论认为更频繁的太阳活动或是主因。气候变暖的进程刚刚启动，各种反馈效应就随之而来：反照率下降、大气成分结构改变、高纬度和

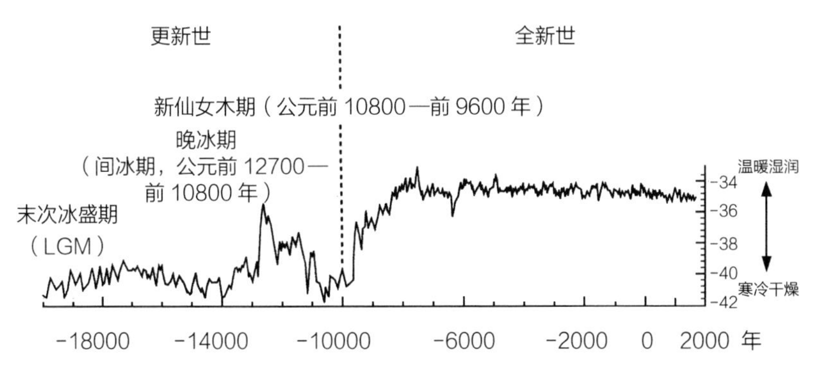

图2.1　全新世全球变暖。氧同位素分析揭示出温度的大幅波动，直到1万年前气候才稳定下来。

低纬度的植被覆盖范围都开始扩大。实际上，进入全新世以后，我们今天所熟知的“自然环境”才得以形成。海平面上升塑造了陆地目前的形状，动植物也逐渐适应了新的气候条件。

远古大洪水与海岸线变化

冰川融化使得海岸线发生改变。约8400年前（公元前6400年）一个阳光明媚的日子，博斯普鲁斯海峡附近传来巨大的水声，人类历史上最大规模的洪水爆发了。大冰期时海平面大幅降低，欧亚大陆在这里连成一体，黑海成了一个大型淡水湖，多瑙河、第聂伯河与顿河争相汇入。数千年来，沿岸较为平坦的地区生活着以狩猎和采集为生的人类，渔民则居住在新石器时代的村子里。农民开垦林地、耕种农田、建造房屋、圈养牲畜。与地中海相比，黑海的水位要低一百多米，因此冰川融化引起的海平面上升对黑海的影响来得稍慢一些。随着海平面持续上升，海水最终淹没了博斯普鲁斯海峡，以百倍于尼亚加拉瀑布的威力涌入黑海。洪水的咆哮可能在数百千米之外都能听见，海水倒灌持续月余，直到黑海的水面与地中海同高。这场大洪水摧毁了上百平方千米的人类聚居地，早期黑海文明的遗迹从此沉入海底。

海平面上升使得全世界的海岸线都发生了改变。白令陆桥次大陆彻底消失，连接亚洲大陆、日本和印度尼西亚群岛的巽他大陆架也不例外，一同消失的还有澳大利亚与新几内亚、印度与锡兰、非洲与马达加斯加之间的陆上通道，全世界大片适合狩猎和定居的沿海区域也被淹没。一些新的海上通道形成，比如白令海、巽他海峡和马尔马拉海；此外还形成了新的水湾和狭长海域，比如波斯湾和红海；以前冰川所在的地方出现了新的海洋，比如波罗的海和哈得逊湾。约9500年前（公元前7500年），英吉利海峡形成，将大不列颠岛和爱尔兰岛与欧洲大陆分隔开来。约8000年前爆发了严重的自然灾害，海水涌入哈得逊湾；约7000年前，北海多格滩（Doggerbank）被淹没。此外，海水还分隔了西西里岛和意大利、希腊诸岛和安纳托利亚半岛。沿岸地区的各种文明被海洋吞没，人类迁往内陆。

过渡至中石器时代

伴随着全球变暖，人类文明发生了翻天覆地的变化，从旧石器时代向中石器时代过渡。中石器时代是欧洲以及后续高度文明地区的最后一个狩猎和采集文化时期，也是成熟度更高、特点更鲜明的文化时期。全新世初期全球变暖的作用一直毋庸置疑，比如阿尔弗雷德·休斯（Alfred Heuss）和戈洛·曼（Golo Mann）在20世纪60年代出版的《廊柱版世界史》（*Propyläen Weltgeschichte*）中写道："旧石器时代晚期到中石器时代的经济形式转变相对较快，这是由气候变化所决定的。"

气候变暖意味着人类过去的经济形式无法存续。巨型动物的灭绝使得人类开始定居生活，因为野生动物完成迁徙之后活动范围就相对固定了。猎捕这些动物需要新的狩猎技能，于是人类逐渐学会制造小型武器，中石器时代的典型物件就包括大量做工精细的石制工具（细石器）。在这一阶段人们仍然保留着传统的饮食方式，尽量靠近水源，因此大部分储藏点和居住点应该都聚集在水边，从而同时保障饮用水供应、基本清洁卫生和废弃物处理的需求。另外，在定居点还发现了大量被撬开的贝类。这一时期的人类除了通过狩猎和采集获取食物，也更多地食用浆果和营养丰富的坚果。慕尼黑古生物学家汉斯约格·库斯特（Hansjörg Küster）甚至推测，当时人们会有意识地保护和种植坚果植物，这样才能解释约 9000 年前（公元前 7000 年）坚果的分布范围为何突然变广。人类可能主动对植物的分布进行了干预，由此开启了将自然景观改造成人造景观的过程。关于这一时期的人口变化我们知之甚少，生活在冰后期森林边缘的居民数量可能不及冰期苔原，总之人口增长的空间十分有限。

大西洋期与新石器革命

约 8000 年前，地球进入全新世中期，气候变得潮湿。这一中期暖期通常被称为“大西洋期”（约公元前 6000—前 3000 年），它在人类历史上的地位十分特殊，因为大西洋期是公认的全新世最温暖、也是延续时间最长的气候阶段，彼时人类对自然的影响还远未后来那般强烈。这一阶段的平均气温比 20 世纪末高 2~3℃，冰川的大规模融化产生了大量的水，整个近东地区乃至印度和中国气候都相当湿润，全球海平面和湖泊水深远超现在的水平，非洲乍得湖等内陆湖几乎成了内海，尼罗河洪水比阿斯旺大坝建造前高出 7 米左右。足够湿润的气候使得北非地区一片繁荣。全新世早期，撒哈拉腹地降雨频繁、河湖密集（图 2.2），以狩猎大型野生动物为生的人类在此繁衍壮大，后来逐渐演变成了牧牛人。野牛很可能就是这一时期被驯化的。

图 2.2 据撒哈拉腹地的沉积分析显示，这里在全新世早期是一大片湖泊，温暖期进入地球水循环的水量更大，季风区位置也发生了转移。

就像“气候适宜期”这一概念所揭示的那样，温暖湿润的气候对于人类文明的发展是十分有利的。大西洋期，技术设备出现了重大革新，虽然仍然以石器为主，但同时也开始使用其他几种材料；带柄石斧取代手斧成为最重要的工具。这一时期人类向新石器时代过渡，新石器时代是人类历史上的关键阶段，是从中石器时代半游牧的狩猎文化、采集文化向定居的农耕文化、畜牧文化转变的阶段。一开始可能是因为获取食物变得更容易了，人们才倾向于定居生活。随着人口增长，后来人类不得不主动耕种，进而改造并持续扩大了周围的生态空间。近东地区的农耕化大约始于10000—9000年前（公元前8000—前7000年），欧洲部分地区则是在公元前6000年左右。

从字面上我们也可以看出“文化”（Kultur）的起源。“Kultur”一词在拉丁语中表示人类文明，源自“cultura”，这是“colere”和“cultum”的名词形式，后两者的含义是“建造”“开垦”和“居住”。从狩猎文化向农耕文化的转变意义重大，堪比工业革命，1936年澳大利亚考古学家戈登·柴尔德（Gordon Childe，1892—1957年）还提出了“新石器革命”的说法。虽然这种过渡在今天看来相当顺利，但我们仍然可以说，在大冰期的背景下这算得上是空前绝后的发展。

新石器革命使得人类摆脱了极不稳定的渔猎采集生活。主动耕种意味着选择合适的植物品种进行培育，由此带来生活方式的根本变革是物种进化史上从未有过的，能够完成这样的变革正是人类独有的特征之一。从播种到收获，这期间人与土地保持着密不可分的关系，因此定居变得十分必要。定居后的人类建造起更好的房屋，将野生动物驯化成家禽家畜，最早被驯养的是山羊和绵羊。根据DNA分析，我们现在可以了解到，家畜的驯化以及从采集向农耕的过渡最早是从哪里开始的。史蒂文·米森在他的著作《史前人类简史》（*After the Ice: A Global*

Human History, 2000—5000 BC）中介绍过，从遗传角度来说，现代小麦与今土耳其东南部的某个野生品种高度相似，而那里距离哥贝克力还不到 30 千米。

显然，新石器革命正是从这里开始的。作为人类文明的发源地，这里位于通常所说的“新月沃土区”稍稍偏北处，直到 20 世纪 90 年代才显露出它的价值。人类最集中、最大规模的自然改造活动并不在低矮的平原，而在往北那些中等高度的山地，在托罗斯（Taurus）山脉和扎格罗斯（Zagros）山脉的山脚丘陵地带。畜牧业很可能也起源于此地。山羊、绵羊、猪、牛等主要家畜最早在 9000 年以前（公元前 7000 年）的西亚开始习惯与人类为伴，此后不断繁殖，并为人类服务。今土耳其东南部、伊拉克、叙利亚和以色列一带是人类文明的摇篮。农耕和畜牧两大活动提供了更为丰富的食物来源，提高了人类存活的概率，特别是自公元前 6000 年之后，人们开始使用家畜耕种。

中国与水稻种植带来的景观变化

新石器时代的人们开始通过农耕改造自然。早在旧石器时代，亚欧大陆、澳大利亚和北美洲以狩猎为生的人类就学会了用火，可以大范围地改变陆地的自然面貌。刀耕火种的生产方式排放出大量二氧化碳，但自然灾害（山林火灾）与人类纵火二者之间几乎无法分辨。在新石器时代，人们修造房屋、开垦耕地、围圈草地，对自然的干预达到了前所未有的程度，越来越多的地方被人类按需改造。耕地范围扩大无疑改变了植被的构成。通过大不列颠岛的孢粉分析可知，南部低地和爱尔兰在新石器时代已经停止毁林开荒，但中部山区和苏格兰高地直到罗马时代或中世纪才开始精耕细作。

在西亚、欧洲、印度北部以及印度河流域，人们种植的主要农作物是谷类，将其果实加水煮成粥后即可食用。谷粒还可以酿酒，或磨制成粉、烤制面包。面包在数千年间一直是人类最基本的食物之一，甚至在一些宗教作品中被赋予了崇高的地位："我们日用的饮食，今日赐给我们"。不过并非各地都以小麦和大麦作为基本食物来源，从中我们可以窥探到新石器革命的多重起源：非洲和印度南部主要种植小米和高粱，美洲则种植玉米。在它们的发源地，这些野生谷物摇身一变，成为人工种植的作物，并且对自然环境没有造成太大影响——但湿法种植水稻除外。

种植水稻需要长达数月进行漫灌，稻农为此建造了一整套复杂的灌溉和排水系统，其中会产生大量对气候有影响的气体，如沼气和水蒸气。人们开垦出一块块水田，大范围彻底地改变了地表景观。这种种植方式需要投入大量人力物力，因此也对社会组织形式产生了影响。水稻种植起源于中国南方，根据最新研究可以上溯到全新世初期。稻谷颗粒饱满、营养丰富且耐储存，因此成为早期出口产品。中国北方等其他地区考古发现的稻谷可能是进口而来，也可能是自行种植的。公元前3000年左右，水稻传入泰国、越南和中国台湾，致使当地毁林开荒、开垦水田。公元前 2500 年左右，水稻传入恒河流域、印度尼西亚和马来西亚，公元前 1000 年左右传入韩国和日本。

系统种植水稻使得人口迅速增长，由此产生的利弊不一而足。最主要的好处在于文化氛围更浓厚，从而孕育出高度文明。自新石器时代之后，中国南方成为全世界人口最稠密的地区之一。这里的高度文明可以上溯至公元前 2800 年——虽然第一批历史王朝颇具神话色彩。

稳定的暖期孕育出古老的高度文明

如果要为“黄金时代”一词找到对应的历史阶段，有可能是新石器时代和青铜时代的持续温暖期。气候史学家认为，这一时期没有极端天气侵扰，稳定的气候便于大范围的商品贸易和文化交流迅速发展。原有的水陆贸易通道进一步拓展，新的关隘和货栈不断建立，英格兰的锡和波罗的海的琥珀被售卖到地中海地区。史前巨型石碑的出现证明了即使在偏远地区也有人类定居，这些令人惊叹的巨石阵遍布爱尔兰岛、赫布里底群岛和奥克尼群岛。当时的气候条件应该比现在更有利，因为如果天气不适宜观测，那这些用于观测冬至日的天文装置也就没有意义了。当时云层可能比近 1000 年以来要薄一些。气候史学家认为，新石器时代气候适宜期高压区向北移动。

“新石器革命”有时也被比作一次“城市革命”，因为它代表了农耕文化向高度文明的转变。农耕社会内部的成员们发展出了新的聚居形式，与不断延伸的分工链条紧密结合，从而解放了大量劳动力。人们可以转而从事其他经济、文化、管理、防卫等活动，成为牧师、国王、王室、官员、随从、工匠、商贩和士兵等。即使是初级产品生产领域也进一步分化，形成了农夫、牧民、渔民等群体。此外还形成了男女分工，妇女在大部分文明中主要从事田间劳动，小部分会参与市场贸易。总的来说，城邦文明诞生的基础是大量劳动力从农业活动中解放了出来。

对耶利哥古城（Jericho，公元前8000—前7000年）进行分层发掘时发现，最早的城邦是由大型村庄逐渐发展而来的。人员密集的前提是人口增长，以及相应地能够长期承载更多人口的农业生产水平。伴随着城市化进程，大村庄的向心力不断累积，并在最终形成了新的法律形式，将城市与乡村彻底区别开来。这种区分的具体表现就是城墙（耶利哥城墙大约建于公元前7000年）。城墙既有军事意义，也有法律意义，因此在近代成为城市的实体象征。城邦事务由统治阶级、文化领域和各行各业的代表共同决定。虽然农耕文化也可能存在社会等级，但只有在充满差异的城市文明中，权力才能在制度下运行。城市高度文明产生了各种身份标识，并借助文字系统形成了长期的传统。我们所熟知的古埃及、美索不达米亚、古印度、古中国、墨西哥或古代秘鲁的历史都是从城市发端的。

虽然我们并不完全认同传统的“气候决定论”，但不可否认的是，所有古老的高度文明——无论是地中海、美索不达米亚、印度北部还是中国北方——基本都沿着同一纬度分布，即北纬 20° ~40° 之间，远离热带和寒冷的南北两极。这一纬度范围最基本的地理优势在于水源能够得到保障，气候较暖适于耕种，不受酷暑、长期严寒和致命疾病的侵扰。美洲古文明的核心区域虽然更靠近赤道，但并没有处在热带，有的还位于高原地区。这里的人们无法在河谷地区耕种，但他们运用了其他灌溉技术。所谓“技术”，意思是当时的农业已经十分发达。所有高度文明都以某种人工栽培的作物繁茂为前提，从而带来人口的跨越式增长，孕育出城市文明。

撒哈拉干旱与埃及的崛起

冰后期气候适宜期温暖湿润的气候不仅促进了北纬地带（以及南半球同纬度地带）的发展，也给干旱地区创造了有利的环境条件。按照放射性碳测年法测定的相关数据，这种气候一直持续到最古老的埃及王朝时期。约公元前 5000 年，撒哈拉地区的气候开始变得干旱，这证明当时至少出现了区域性的气候变化。部分科学家认为，公元前 5000—前 4500 年北非宜居区的缩减与尼罗河流域突然出现的第一批村庄直接相关。尼罗河洪泛区被开垦为耕地之后，很快就迎来了人口的增长，这就是古埃及文明的起源。

最初的村落规模很小，结构简单；后来发展出了小型城市，其中一些还成为相互争夺统治地位的小王国的都城。约公元前 3200 年，其中一个小王国的统治者成功从政治上统一了阿斯旺以北的尼罗河流域。伴随着后续一系列文化特征的统一，古埃及文明诞生了。埃及首次迎来繁荣是在涅伽达文化Ⅱ期和（Negade-Ⅱ）涅伽达文化Ⅲ期（Negade-Ⅲ），涅伽达文化经历了从南往北传播的过程，这一时期出土的陶罐花纹与撒哈拉地区岩石壁画中的象形文字惊人地相似。在政治上实现统一之后，当地的文字系统得到发展，比通常所说的传奇第一王朝开始的时间还早200年左右。历史上更有名的是古埃及第三王朝（约公元前2640—前2575年），也就是“古王国”（约公元前2640—前2134年）的开端。事实上，当第二任国王乔赛尔（Djoser，公元前2624—前2605年）开始建造金字塔时，就说明这一文明已经走过了相当长的时间，因为实施如此浩大的工程需要积累丰富的经验。

古埃及发展壮大的前提是它独特的生态：每年，埃塞俄比亚高原的夏季暴雨导致尼罗河开始涨水，河水在9月漫过河岸，于10月退回河床。这样既灌溉了沿岸农田，退潮时留下的淤泥又可作为肥料，流水冲刷还能避免土地盐碱化。早在第一王朝时期，人们就用“尼罗河水位计”来预测河水水位，并围筑灌溉水池来调节用水的分配。古埃及的强盛和文明的延续正是得益于尼罗河洪水定期泛滥以及王权对河流的集中管理，这一点也反映在当时的人口数量上。从早王朝到托勒密王朝，水源的统一管理保障了近150万—200万人的生活，这一数量是此前所有文明以及同时代的大部分文明无法企及的。众多的人口为王国发展提供了支撑，因此古王国时期能够负担大型工程项目，并向南部努比亚、西部利比亚和东部巴勒斯坦扩张。

奥兹冰期与晚期暖期

在新石器时代的数千年里，中欧的林地经过人类开荒和耕种已经变成了人造景观，就连这里的最早定居者也并非原始人类。经过精细加工的石斧刀刃磨得相当锋利，很适合用来砍木头；动物的驯化也有了进展，牛、山羊、绵羊、猪为人类提供了更为丰富的食物来源。考古发掘发现了遍布欧洲、规划统一的定居点，由此可知，人类在这里开荒过后明确划分出了耕地和草场，又用篱笆分割了居住区和垃圾处理区。随着人口增长，人类不断毁林开荒。自然保护主义者眼中的保护对象，其实是新石器时代以来人为管理土地的产物，不论是统一管理或野外的河流，还是阿尔卑斯的高山牧场。

大西洋期的阿尔卑斯山脉常年无雪，直到末期山顶才逐渐被冰雪所覆盖。奥兹（Ötzi）冰人木乃伊的发现反映出这里的气候情况：约5300年前，这位来自南部山谷的猎人翻过阿尔卑斯山主峰到达锡米拉温峰（Similaunspitze）附近的蒂森约赫（Tisenjoch），在那里遭遇了一场暴风雪，直到1991年9月，掩埋在冰川之下的尸体才得以重见天日。从尸体的保存情况来看，中世纪盛期的温暖气候并没有令这里的冰雪消融。负责研究奥兹的组长康拉德·施平德勒（Konrad Spindler）写道："我们必须接受这一点，那就是冰人木乃伊历经5000年，直到1991年秋季连续6天气温偏高才有机会被发现。这一年气候异常温和，在蒂罗尔州（Tirol）的冰川中还发现了另外5人，相当于此前

40年的总数。不过，只有奥兹的尸体是在原死亡地点被发现的，就在山口附近的一个沟里，没有被冰川河冲走。”

公元前2150年高度文明的陷落

与文明的崛起相比，第一批高度文明的陷落与气候变化有直接联系。约公元前2150年，埃及古王国危机和“第一过渡期”的开始就与尼罗河洪水未能如期到来、亚北方期高峰出现有关。气候的影响不在于决定发展方向，而是“排除了继续提升当前生活方式的可能性”。在法老佩皮二世（Pepi Ⅱ，公元前2246—前2152年）的长期统治接近尾声时，古埃及陷入了饥荒和贫穷。整个王国分崩离析，中央集权难以为继；法老无法继续保证土地的收成，因此失去了政治上的权威。在此后的王朝更替中，古埃及被分割，直到一个多世纪后进入中王国时期，建立了第十一王朝才得以重新统一。

美索不达米亚的情况也与之类似。这一高度文明的产生本身就得益于气候变化：冰期结束后随着海平面抬升了110米，极大地改变了波斯湾的海岸线。约公元前3500年，大西洋期末期海洋一直延伸到苏美尔文明的中心乌尔古城——乌尔和埃利都原本海拔较高的海角。由于亚北方期气候变得更加干燥，海岸线向前推进，肥沃的洪泛区便成了聚居区。世界上最古老的叙事诗之一就描述过当时沼泽干涸的情形，诗中写道：“乌鲁克国王对女神伊安娜说：‘千真万确，乌鲁克过去有沼泽……恩基杜的叔父恩基让我命人拔掉干枯的芦苇，把那儿的水排干。我修了整整 50 年！’” 如同它的崛起一样，美索不达米亚文明的陷落也与极端气候事件有关，即发生于亚北方期顶点的干旱。阿卡德帝国曾在国王萨尔贡一世（约公元前 2371—前 2316 年在位）的统治下实现了两河流域政治上的统一。公元前 2150 年左右，在城邦和游牧民族双重叛乱的影响下，它几乎与古埃及于同一时间灭亡。

阿卡德帝国拥有极为精妙的水利系统和粮食贮藏系统，以平衡不同年份的降水量差异和粮食丰欠。尽管如此，当时他们也不得不完全放弃美索不达米亚平原北部地区，并在南部筑起长达 180 千米的城墙，以抵御北方流民的涌入。近 300 年的时间里，这里没有任何人类活动的痕迹，后来才逐渐有人居住。对波斯湾的海底钻取物的研究表明，文明陷落时正值大旱，极有可能引发了一系列社会问题和政治问题。从地中海到中国可能都受到旱灾影响，灌溉十分困难。“新月沃土”很可能也经历了好几个异常干燥的夏季，雨季则大大缩短甚至完全没有出现。

在传统社会，气候波动和饥荒会让统治的合法性受到质疑，而国王或祭司作为统治的化身只能在当时的文明程度之内采取措施，应对生存环境恶化。如果他们的方法不起作用，可能就会引起社会、经济、宗教和政治等各方面的危机，使得政权倾覆或文明毁灭。对于农业社会而言，人们能够想象到的最可怕事件就是水源枯竭，因此阿卡德帝国和古埃及的灭亡，乃至整个美索不达米亚文明的陷落都不足为奇。面对旱季和雨季的交替，人们自然而然会将掌管天气的众神视为万神殿之首，在美索不达米亚、亚述、巴比伦尼亚、米坦尼、哈图沙和乌加里特等地都是如此。《阿特拉哈西斯史诗》（*Atram-hasis-Mythos*）描写了天气之神阿达德是如何背弃了他的子民的，反映了当时人们对长期干旱以及由此造成的土地盐碱化有着细致入微的观察："天上的阿达德减少了雨水，地上干旱龟裂，地下水不再喷涌，田地减产；农业女神尼沙巴背弃了我们，碧绿的田野变成白茫茫一片，大块荒地因干旱而结出了硝石。"

河谷文明的兴衰

约公元前 2600 年，几乎与古埃及同一时间，印度河文明也进入繁荣期，这主要得益于约公元前 3000 年降水量的增加和植被的繁茂。由于气温较高，印度河文化十分依赖降水，每年季风定期回归极大地促进了这里早期农业的发展。印度河文明现在通常被概括为哈拉帕（Harappa）文化，其特征是规划有序的棋盘状城市布局、固若金汤的卫城以及砖石砌筑、带有排水系统的地下城。

研究印度语言文化的学者认为，印度河文明的衰落得归咎于气候变化引发的一场环境灾难。考古发现，约公元前 1700 年，克格尔河（Ghaggartal）突然大旱，农田减产，给各个城市带来了严重的后果。和城市一同消失的还有其中的居民，哈拉帕文化就此沦为历史。大约过了 200 年，公元前 1500 年左右，伴随着印欧人口迁往南亚的大潮，游牧民族来到这里牧马放牛。

在印度河文明消亡的同时，古埃及也遭遇了类似的劫难。

公元前 18 世纪，埃及遭遇了与古王国时期类似的自然灾害。自第十一王朝（约公元前 2134—前 1991 年）以后，古埃及重新繁荣起来，第十二王朝时期达到全盛。随后，中王国时期（约公元前 2040—前 1650 年），每年尼罗河洪水的水量虽然不及古王国时期，但还能持续保障农业丰收。中王国的鼎盛出现在阿门内姆哈特三世（Amenemhet Ⅲ，约公元前 1841—前 1797 年）统治时期，此后便陷入如同古王国末期一般的混乱。在所谓的“第十三王朝”期间，王位频繁易主，以致其数量和顺序至今成谜，随后的第十四王朝时期帝国最终灭亡。芭芭拉 · 贝尔（Babara Bell）的考古发掘让世人看到，古埃及的第二次陷落与公元前 1768 年以后尼罗河洪水不再出现及大饥荒密切相关。当时法老们遇到了和第一过渡期相同的问题：合法性受到质疑，芭芭拉将其称之为“小黑暗时代”，这是法老政权覆灭的开端。

欧洲美好的青铜器时代

青铜器时代可以说是黄金时期。公元前 3000—前 1000 年，伊特拉斯坎人（Etrusker）、色雷斯人（Thraker）和许多其他民族乃至整个欧洲都迎来了一系列突破性创新，告别了新石器时代。其中包括使用犁头更高效的犁、大范围采矿、发展异地贸易、形成新的职业门类（如探矿师、矿工、冶炼师、铸工、锻工、青铜商人等）以及通过高效的金属工具为日常生活带来变革。随着金属制的锤、锯、锉、针等工具的出现，皮具、纺织品等一系列物品的生产彻底改变。为了制造可用于生产的车轮、车辆以及战车和船舶，又出现了一些新的行业。地域文化的差异充分反映了更加突出的社会阶级差异，因为以青铜（90% 铜与 10% 锡的合金）作为原料成本极高。

与冰后期气候适宜期相比，公元前 3 世纪晚期更干燥。骨灰瓮文化时期可能是末次冰期以来最干旱的时期，在地中海、北非和近东地区比在阿尔卑斯山脉北部更明显。由于灌溉不便，人们只好减少耕地面积，从高原地区迁居到河谷和湖边。此外，农田干旱可能导致人们转而毁林开荒，当时地下水位也远低于现在的水平，因此青铜器文化不久也销声匿迹。

公元前 1200 年文明的毁灭与铁器时代的开始

现代欧洲大陆的第一个高度文明诞生在希腊。从青铜器时代早期（约公元前 2900—前 2500 年）开始，人类就在迈锡尼定居。进入公元前 16 世纪，这里的青铜器文化开始繁荣起来——差不多与埃及新王国处在同一时期，在公元前 14 世纪达到顶峰。比如，在埃及法老埃赫那顿（Echnaton，公元前 1364—前 1343 年在位），即阿米诺菲斯四世（Amenophis IV）位于阿玛纳（Amarna）的王宫里可以看到迈锡尼的瓷器。

公元前 13 世纪晚期，迈锡尼文明经历了一场劫难。这一时期，希腊各地的宫殿建造基本停止。公元前 1200 年左右，迈锡尼城堡和希腊其他大部分贵族庄园都遭到洗劫和焚毁，主城无人居住，几十年后大片内陆腹地也被废弃。此后数百年被称为希腊的“黑暗时期”，因为艺术、建筑和文学逐渐销声匿迹，直到400年后的荷马时代，才有文字记载照亮了这段黑暗的历史。

后人通常将迈锡尼文明的覆灭与特洛伊战争联系在一起。根据荷马史诗《伊利亚特》中的描述，这场战争是迈锡尼领导下的亚该亚人发起的。这种“战争说”显然不太可靠，因为众所周知，明明是希腊军队攻陷了特洛伊城。除此之外还有“地震说”，然而在迈锡尼城堡中并没有发现地震的痕迹。也有观点认为是青铜产能不足造成了迈锡尼文明的毁灭，不过公元前12世纪整个地中海地区硝烟四起，毫无青铜短缺的迹象。亚里士多德（公元前384—前322年）指出，远在荷马时代以前，迈锡尼很可能像古埃及一样发生过旱灾。特洛伊战争时期的迈锡尼十分丰饶，但后来由于干旱变成了沙漠，而“阿戈斯（Argos）气候湿润，从前的荒地现在也可耕种。发生在这一隅的情况，可以推及更大的地区乃至所有城邦”。这听起来已经很明确了。然而，直到20世纪70年代，关于迈锡尼文明毁灭的“干旱说”才得到进一步发展：一场长时间的干旱影响了希腊，摧毁了人们的生存环境。

此外，水资源短缺也是公元前1200年赫梯帝国历经200年的繁荣之后走向灭亡的原因之一。面对安纳托利亚高原大规模的饥荒，赫梯人不得不向埃及求助，并将都城迁往叙利亚平原，但在新都城他们似乎又遇到了新的问题。地中海饥荒引发了海上民族暴乱，大迁徙运动以摧枯拉朽之势吞没了乌加里特文明，可能也成为赫梯文明陷落的导火索。有一个值得注意的有趣细节：赫梯人认为土地属于天气之神，只是被托付给王族管理，国王最神圣的使命在于与神对话。

海上民族暴乱的结果之一是旧的城邦国家灭亡，巴勒斯坦形成了以色列民族。以色列人认为只存在唯一的神，因此不少人长期信奉的巴力神（Baal）遭到部分犹太神职人员的强烈抵制。巴力哈达德（Baal-Hadad）是此地传统的天气之神，相当于犹太人的上帝，“摩西向天伸杖，耶和华就打雷下雹，有火闪到地上”（《出埃及记》9：23）。雅威（耶和华）最初是埃及法老阿米诺菲斯三世（Amenophis Ⅲ）所用的地名之一，他也代表闪族天气之神哈达德的另一种形象，只不过抛弃了早期的牛头，没有手持闪电和制造雷声的斧子而已。犹太人的上帝在古代近东就是传统天气之神的统称，他们掌管雷电、风暴、冰雹、洪水和干旱。后来基督教承袭了犹太人的一神论，信奉这位天气之神：“耶和华必使人听他威严的声音……与霹雷，暴风，冰雹”（《以赛亚书》30：30），《旧约》中随处可见这样的表述。

除了欧洲、北非和西亚以外，亚北方期的干旱也影响了世界其他地区。针对加州狐尾松的树轮年代学研究表明，公元前1200年左右树木的年生长量持续几个世纪大幅萎缩，说明当时季风带可能出现了转移。此外，南亚还遭遇了另一场干旱的冲击：公元前1300—前900年间，印度拉贾斯坦邦（Rajasthan）的季风雨量减少了70%，孢粉分析显示这差不多是古印度文明的尾声。塔尔沙漠也是在这一时期形成的。在中国，商朝（约公元前1600—前1046年）末年气候剧烈波动，“干雾”（霾）

遮天蔽日，天上出现三个“太阳”，反常严寒、七月飞霜，往年气候温暖的黄河两岸夜间结冰，庄稼歉收、连年饥荒，此外大雨倾盆引发洪灾，洪水过后又是长达 7 年的干旱。种种因素叠加，导致商朝最终灭亡，周朝（公元前 1046—前 256 年）取而代之。

公元前 1200 年左右的这段大变革同时意味着文明的转折。虽然青铜产量并未减少，随着战争频发，中东地区的铁器需求变得旺盛。铁矿比铜矿、锡矿分布更广。谁掌握了冶铁技术，谁就能靠装备一新的军队赢得战争；铁还能用来制造便宜耐用的工具和农具。铁器时代，一批新的王国崛起，随后它们陆续吞并了许多古老的贸易城市。不过，这些古城的地位并没有因此降低，而是推动了新王国的城镇化进程。它们的经济支柱不再是异地贸易和城郊的农业，而是覆盖广泛的朝贡制度。从青铜器时代过渡到铁器时代，某种程度上意义堪比公元前 3000 年的新石器革命。近年来也有一些学者建议研究这一文明变迁与气候变化的关联，并给出了充分的理由。

公元前 800 年的气候突变与政治动荡

在降水丰沛的欧洲，雨量减少并不是什么棘手的问题，反而是青铜器时代末期温度突变引发了一系列冲突，欧洲文明也恰好在同一时间进入铁器时代。公元前 800 年左右，青铜器时代持续的温暖干燥期被低温的亚大西洋期，即“后暖期”所取代。这段时间大体上可以分为两个阶段：亚大西洋期一期（后暖期早期，约公元前800—1000年）和亚大西洋期二期（后暖期晚期，约公元1300年至20世纪）。一期总体比现在更湿冷一些，古希腊罗马时期短暂的气候最佳期除外；二期则离我们现在不远。一期与二期以中世纪盛期温暖期为界。全新世晚期与人类文明的历史阶段相重叠，在后面的章节中，我们会再着重探讨。

公元前800年的气候突变先是经由考古发现，后来又被古生物学研究证实。考古学家格外感兴趣的一点是，气候突变前后中欧存在着不同的主导文化。之前是青铜器时代的骨灰瓮文化——得名于遗体火化后将骨灰装入瓮中的丧葬习俗，之后是铁器时代的哈尔施塔特文化（Hallstattkultur）。气候变化与文化变迁之间的关联如此突出，以至于一些学者在文献中提出疑问，恶劣的气候与铁器的使用之间是否存在因果联系？因为铁犁翻地更好用，可以弥补土地减产的影响。在战争频发的年代，铁制兵器能够提高生存概率。这可能算是气候恶化推动技术和经济革新（进步）的一个例子。

骨灰瓮文化末期正值气候变冷，降水减少。在欧洲大部分地区，与这一时期相关的考古发现都埋藏在厚厚的淤泥层之下；哈尔施塔特文化遗迹虽然掩埋得较浅，但与前者通常不在一个地点。这意味着，两种文化不仅主要使用的金属材料和墓葬风俗不同，聚居形式和生活方式也有区别。古生物学家将各种植物孢粉对应归入不同考古地层，从而得出结论：自然界也在短时间内急剧变化。随着亚大西洋期的到来，平均气温下降了

1~2℃，降水量显著减少。降雪增加，大范围积雪终年不化，形成冰川，树线[1]降低——阿尔卑斯山脉树线下降了300~400米，接近20世纪末期的水平（图2.3）。青铜器时代的高山牧场不得不被废弃，阿尔卑斯山上的定居点减少，海平面上升，从前临水的便利定居点不再适宜居住。河流涨水，一些山路也变得无法通行，由此催生了新的交通运输系统。

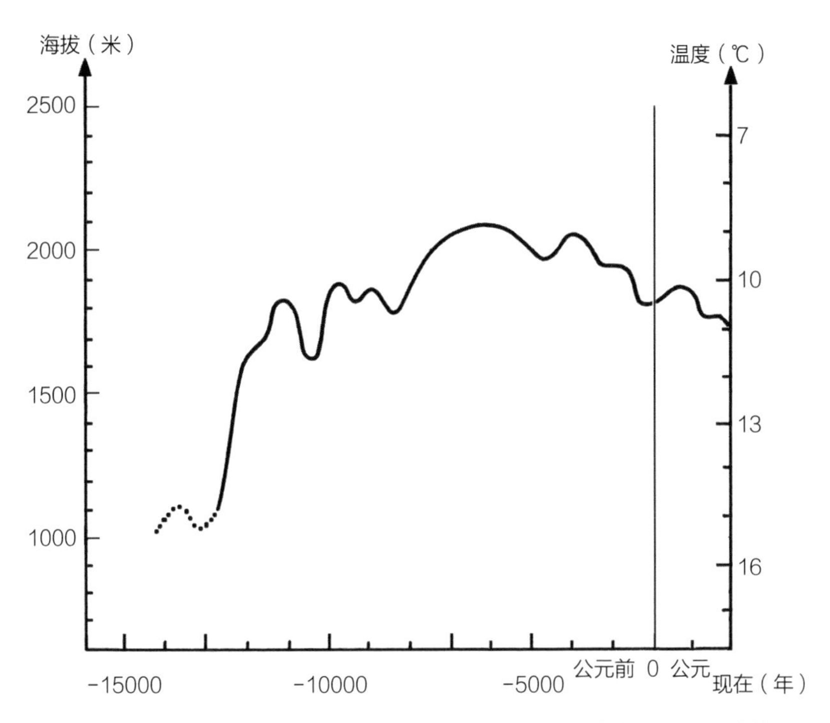

图2.3　中欧树线的高度变化。可以清晰地看到出现在全新世盛期的峰值，以及出现在公元前800年左右和小冰期的两次降温。

---

① 天然森林垂直分布的海拔上限。——译者注

为了安全，人们将定居点迁往更高处，例如哈尔施塔特的马格达伦斯堡（Magdalensberg）。一些中等高度的山脉，比如缺乏水源的施瓦本山首次成为人类重要的居所。在这些山区发现的大量墓葬反映了当时这里比较湿润的气候。同时，当时的饮食结构应该也发生了变化，青铜器时代广泛种植的作物被更容易成活的燕麦和黑麦取代。可能是施瓦本费德湖（Federsee）沼泽中的孢粉研究发现，当地种植的作物种类严重缺乏连续性。由此可以推测，在这段转折期可能出现了食物短缺、疾病频发和死亡率上升的问题。由于土地收成难以预料，当时养殖活动的重要性可能超过了种植活动。

采盐业的繁荣也与气候变化相关，因为空气不再干燥，不利于食物保存，尤其是肉类，必须得用盐水腌制后才能存放。鉴于铁器时代后农业耕作方式的改进，铁犁、锄头、斧头等工具更耐用，人口再度增长，食物保存就显得尤为必要了。奥地利萨尔茨卡默古特山区（Salzkammergut，联邦上奥地利州），哈莱因–杜伦堡（Hallein–Dürrnberg）和哈尔施塔特等地采盐业高度发达，这些地方也成为文化中心。中欧铁器时代的前一段（持续到5世纪）就是以此命名的（“哈尔施塔特期”）。

根据前面所说的可以发现，公元前800年左右的气候突变（一些文献称其为“哈尔施塔特灾难”）使得人类必须适应新的生态环境，由此引发了大迁徙。即使在人口不那么稠密的时期，占据新的领地或多或少也会带来一些摩擦和损失。此外，铁矿和盐矿的重要性日益上升，加之交通路线改变，导致人类居所发生了改变。

在全球其他地区，公元前 800 年的气候突变同样引发了人口大迁徙和战乱。埃及法老塔克洛特二世（Takeloth II，公元前 860—前 835 年）统治末期政治崩溃，后来演变成王国衰落和连年内战。那时人们尚未将王朝的混乱状态与气候变化联系起来，但从遗留的碑文来看，公元前 7 世纪的经济繁荣主要归功于尼罗河洪水带来的好处，这也许可以从侧面反映此前的问题所在。

从古罗马气候最佳期到中世纪暖期

夏季凉爽宜人、冬季温和多雨，亚大西洋期这种凉湿的气候一直持续到公元元年前后，覆盖了整个罗马王国和罗马共和国时期。当时地下水位可能比现在高一些，北非绿洲地区生存环境极佳，这也是北非成为罗马帝国“粮仓”的原因。优越的气候条件促进了古希腊文化、伊特鲁里亚（Etrusker）城邦国家和罗马共和国文明的发展。

种种迹象表明，罗马帝国的开国皇帝奥古斯都（公元前 62—14 年，公元前 30—14 年在位）统治时期气候回暖。当时的气温可能与现在相近，阿尔卑斯山脉以北甚至略高。近东和北非十分湿润，埃及学者克罗狄斯·托勒密（Claudius Ptolemaios，约 100—160 年）于公元 120 年留下的天气日志记录了每个月的降水量（8 月除外），与现在有显著差异。直到 4 世纪，北非才变得干旱起来。这一时期许多定居点后来都被叙利亚和约旦沙漠吞噬。公元元年前后，全世界人口达到3亿左右，其中一半生活在亚洲两大文明古国：古代中国（8000万）和古印度（7500万），另有3500万分布在西亚和欧洲，1500万在北非。古罗马气候最佳期全球人口之多前所未有，随后开始减少，直到1000年后中世纪盛期才恢复到这一水平。

罗马帝国繁荣期

毫无疑问，世界历史长河中，像罗马帝国这样从意大利半岛的一个小小城邦成长为世界强国的事件不能被简单视为气候变化的结果。一是因为这个发展历程相当长，其次是涉及各方面因素，第三是罗马崛起的同时，处于同一气候条件下的伊特鲁里亚、希腊和腓尼基却在衰落。与地中海南部的强国迦太基进行对比之后，可以这么说：虽然迦太基在寒冷期达到鼎盛，但罗马的繁荣则是在温暖期过后，即它的政治中心迁到地中海北面以后。不过，即使在公元前146年迦太基被征服之后，作为罗马行省的阿非利加（Africa）在数百年内仍然是罗马帝国经济上最重要的组成部分。其中很重要的一点可能就在于它首先向南扩张，气候回暖以后才转而往北。

屋大维被赠予“奥古斯都”的称号后，不断发展壮大的罗马进入帝国时代，拉开了结构性改革的序幕。罗马帝国从此逐渐形成统一的律法，对被征服地区进行系统开发，并且推行雄心勃勃的对外政策。图拉真（53—117年，98—117年在位）时期，罗马帝国的版图在他的统治下达到了巅峰，从苏格兰边境一直延伸到里海和波斯湾。帝国的扩张恰逢一段气候温暖又不过分干燥的时期，气候史称之为“罗马气候最佳期”。这段温暖期从公元 1 世纪持续到 400 年左右，冰川融化引起海平面上升，很可能为地中海北岸的这个强国巩固统治、继而向北推进提供了有利条件。阿尔卑斯山隘口全年通行无阻，便于征服和控制北部的高卢、比利时、日耳曼尼亚（Germania）、雷蒂安（Raetia）和诺里康（Noricum）等行省。

这一时期，部分地区可能已经开始在高山区采矿，到 20 世纪末这些地方仍然是永久冻土。根据老普林尼的著作，当时意大利北部葡萄和橄榄的种植范围比前几个世纪要广得多。图密善（Domitian，51—96 年，81—96 年在位）曾经下令禁止阿尔卑斯山以北的行省酿制葡萄酒，由此侧面反映出这些地区在当时确实种植有葡萄。280 年，普罗布斯（Probus，232—282 年，276—282 年在位）废除了这一禁令，此后德国和英国的酿酒业迅速发展，以致公元 300 年以后这里几乎没有南部进口的葡萄酒了。

欧亚强国的诞生

古希腊罗马的气候最佳期惠及欧洲、中东和东亚广大地区，在此基础上一系列强国诞生。政治稳定促进了异地贸易。中华文明在秦始皇（公元前 246—前 210 年在位）的专制之下首次形成了一个统一的国家。始皇帝命人为自己打造了一批真人大小的泥人士兵作为陪葬，也就是著名的兵马俑。他的王朝最终被农民起义推翻，但紧接着又出现了新的朝代，通过推行更加务实的政策来维持社会的稳定。中国汉代（公元前202—公元220年）的繁荣与罗马帝国在时间上几乎是重合的，这一点早已引起了学者的注意。和西方一样，中国古代也经历了一段形成期。今天的中国人有90%来源于汉代的华夏民族，在台湾地区这一比例甚至高达98%。汉朝时中国虽然由于庞大的军费开支而陷入财政危机，但经济发展水平仍然世界领先。公元2年，这里约有6000万人口。

有利的气候条件不仅促进了部分大国的繁荣，也使得北方部族更加活跃。他们不断开辟新的住所，人口持续增长，力量逐渐壮大。2—3世纪期间，哥特人（Goten）、格皮德人（Gepiden）和汪达尔人（Wandalen）开始大迁徙，向俄罗斯南部和喀尔巴阡地区（Karpatenraum）推进，欧洲北部陷入动荡。罗马帝国开始建造大型防御工事，如日耳曼尼亚的莱姆斯防线（Limes）和不列颠尼亚（Britannien）的哈德良长城，以此阻挡南下的北方部族。

在今蒙古国所在地区，匈奴开始进攻中原。为抵御外敌，2世纪汉朝建造了长城，迫使匈奴转而西迁，他们先后入侵了印度和黑海地区。在欧洲，地理学家托勒密是最早提及匈奴人的人，他将其称之为“库诺伊人”（Chunnoi）。376年，匈奴人首先打败了位于俄罗斯南部由厄尔曼纳里克（Ermanarich）统治的东哥特王国，随后击溃了阿塔纳里克（Athanarich）的西哥特军队，将勃艮第人和汪达尔人赶出了东欧。匈奴人的胜利引发了所谓的“移民潮”，导致大量日耳曼人涌入罗马帝国。

强国的衰落

我们很容易把罗马帝国和汉代中国的危机与气候变化联系到一起，但其中还涉及许多其他原因，例如无力抵抗外敌、社会军事化倾向、苛捐杂税等。这里提到的主要是潜藏在帝国结构性危机中的因素，罗马由于有一位贤明的君主马可·奥勒留（Marc Aurel，121—180 年，161—180 年在位）而克服了这些因素的影响，但到康茂德（Comodus，161—192 年，180—192 年在位）统治时期还是出现了饥荒、瘟疫和内乱。189 年，康茂德皇帝的宠臣死于饥民暴乱，此后一个世纪王位易主 40 余次。"军人皇帝"（235—285 年）时期，罗马极度混乱、摇摇欲坠，德西乌斯（Decius）和瓦莱里安（Valerian）在统治期间首次对基督教徒发起有组织的迫害活动。罗马建国千年庆典之后，德西乌斯（约 190—251 年，249—251 年在位）在与哥特人的战争中阵亡，瓦莱里安（约 200—262 年，253—260 年在位）则被波斯人俘虏。此后，加里恩努斯（Gallienus）继位，罗马分崩离析，饥荒和瘟疫使人口骤减，生产甚至退回到自然经济时代。奥勒良（Aurelian，约 214—275 年，270—275 年在位）在位时尊"不可战胜的太阳神索尔"（Sol invictus）为帝国之神。3 世纪的这场危机究竟与气候有多深的关联，还需要进一步探究。

经历政治和经济复苏之后，罗马帝国在狄奥多西一世（Theodosius，347—395 年，379—395 年在位）的领导下再次实现了统一。我们可能会发现，气候史学家认为当时的气候条件比较有利，温暖又不过于干燥的“罗马气候最佳期”再次来临。395 年，狄奥多西一世去世前将帝国分为东（拜占庭）西两部分，意图避免继承纠纷。然而，5 世纪气候严重恶化，气温下降，罗马长期以来的“粮仓”北非地区发生了旱灾。410 年，罗马被西哥特人洗劫；汪达尔人扫荡了所有西部行省，并于 429 年占据了北非；443 年勃艮第人侵占了萨伏依（Savoyen）；莱茵河下游地区被法兰克人占领，上游则驻扎着阿雷曼人。5 世纪的帝国危机变得极为严重，最后一任西罗马皇帝罗慕路斯·奥古斯都路斯（Romulus Augustulus，475—476 年在位）最终被日耳曼军队统帅取代也就不足为奇了。

欧格皮乌斯（Eugippius，465—533 年）在他所著的圣塞维里努斯（卒于 482 年）传记中描述了罗马帝国的灭亡。这位修行者认为，帝国灭亡是上帝对人类罪行的惩罚。虽然在战乱、驱逐和暴力面前，极端气候只是最微不足道的不利因素，但传记中大量关于寒冷、饥荒和疾病的描写仍然不容忽视。圣塞维里努斯组织过救济活动，但装满物资的船在因河（Inn）上被浮冰包围。在他的祈祷和信众的忏悔下，托上帝的福，天气终于缓和，冰雪开始消融，饥民得到了充足的食物。另外，圣徒不仅过着无罪的生活，还通过禁食和鞭笞自己来进行清修。不过最大的考验来自着装方面：圣塞维里努斯从不穿鞋。即使隆冬时节滴水成冰，他仍然赤脚行走，以此证明自己至坚至诚的修道之心。当时严寒天气的一个有力例证是多瑙河——河水结了厚厚的冰，以至于马车可以从冰面上安全通过。

北欧的主要问题是严寒，近东、北非和亚洲部分地区则面临干旱，里海水位降至最低点。意大利南部、希腊、安纳托利亚和巴勒斯坦的定居点集中在沿海地区，内陆腹地十室九空。当时，小亚细亚的以弗所（Ephesus）、安提阿（Antiochia）、巴尔米拉（Palmyra）等大都市相继衰落。阿拉伯有 600 多个定居点被废弃，这些地方都曾建造了完善的农业灌溉系统。由于传统定居点气候恶化，阿拉伯人最终不得不迁徙，伊斯兰教也随之向外传播。

与此同时，汉代中国也和罗马帝国一样走向衰落。在这个过程中，既有王室内部矛盾和王位之争的影响，带有宗教色彩的农民起义也发挥了作用。和罗马的"军人皇帝"时期类似，汉朝也经历了军阀混战、政治割据的时期，直到 220 年三国鼎立。汉室的衰亡在某种程度上受到严寒、干旱、歉收、饥荒等因素影响。长江曾经多次封冻，干旱年份许多大河几乎干涸，309 年人们甚至可以横穿黄河和长江而不沾湿双脚。恶劣的自然环境和统治阶级的无能激发了民众的反抗。中原王朝在内忧重重的同时，还面临来自北方的外患；人口大迁徙开始，三国魏晋时期整体发展水平下行。和西方一样，内部混乱和政权丧失催生出一种强调救赎的信仰（佛教），道教和儒家哲学则随着汉朝的灭亡失去了存在的基础，影响力逐渐降低。此后五百多年，佛教始终是中国最受推崇的宗教，它给困境中的人们带去安慰，"来世说"有助于稳定民心。同时，寺庙中兴起了碑铭文化。鉴于这种跨越空间的相似性，汉朝灭亡也被称为"中国中世纪”的开端。

中世纪早期的灾难

虽然关于具体时间还存在争议，但大部分学者都认同古希腊罗马晚期的气候出现了恶化。赫尔穆特·耶格（Helmut Jäger）认为，约公元250年冬季变得更加寒冷、气候更加潮湿。这种情况在北方一直持续到750年，在欧洲大陆则持续到9世纪。中世纪早期气候恶劣期年平均气温下降1~1.5℃，冰川扩大，中欧地区树线降低了200米左右。在海拔更高或北半球纬度更高的地区，葡萄和谷物的种植条件恶化，农田经常歉收，疾病频发，婴幼儿和老人的死亡率上升。舍恩维斯（Schönwiese）认为，中世纪早期气候恶劣期大约从450年持续到了750年。他还指出，1000年左右英格兰中部地区温度持续上升1~2℃。休伯特·贺拉斯·兰姆（Hubert Horace Lamb，1913—1997年）认为，直到400年前后夏季仍然偏暖偏干，从5世纪开始才进入气候寒冷多变的阶段。

地中海北面、欧洲北部、西部和中部除严寒外还变得更加潮湿。另外据我们掌握的资料显示，当时还出现了风暴和洪水，导致北海和英格兰南部的海岸线发生了变化。6世纪下半叶，意大利洪水频发。冰川一直延伸到瑞士，大致在下格林德尔瓦尔德冰川（Unterer Grindelwaldgletscher）附近，相当于小冰期晚期的规模，穿过巴涅山谷的罗马古道被冰川阻断故而无法通行。兰姆推断，西罗马帝国政权的崩溃不仅仅与政治动荡有关。

传统观点认为，气候原因导致人口大迁徙，最终造成西罗马帝国灭亡。因此，古希腊罗马晚期至中世纪早期的气候恶化也被称为“人口大迁徙阶段气候恶劣期”。要反驳这种观点非常简单，只需指出：人口迁徙持续了上百年，不同阶段迁徙的原因并不相同。事实上，大迁徙开始时还处在气候最佳期，这时迁徙的原因可能是北方人口迅速增长；375 年的大迁徙是由于来自亚洲大草原的匈奴入侵，导致日耳曼人向西迁入罗马帝国境内，并在最终消灭了西罗马帝国。虽然拜占庭帝国后来从东哥特人和汪达尔人手中分别收复了意大利和北非，但西班牙仍然被西哥特人和汪达尔人占据，他们分别将西班牙改称“加泰罗尼亚”和“安达卢西亚”；高卢被法兰克人占据，改称“法兰克王国”；不列颠尼亚被盎格鲁人占据，改称“英格兰”；雷蒂亚被阿雷曼人占据，改称“阿雷曼尼亚”。568 年大迁徙结束，大规模聚居的伦巴第人统治了意大利，建立了“伦巴第王国”。

伴随着罗马帝国灭亡到来的是人口内爆[①]，6 世纪时全国人口从巅峰时期的 1500 万减少到不足原来的一半。从前属于帝国范围的拉丁语区人口数量锐减，如潘诺尼亚（Pannonien）、日耳曼尼亚、高卢、西斯班尼亚（Hispanien）和不列颠尼亚。北非由于受到入侵、战乱、歉收、瘟疫和人口迁出等多方面影响，人口数量也大幅下降。人口减少之后，许多住所、道路和耕地

① 人口学概念，一个国家的生育率如果低于 1.3，那么每过 45 年这个国家的人口就会减半。——译者注

荒废，人文景观重新被自然景观所取代。

从考古学和古生物学的角度都能证明，过去的一些定居点被完全废弃，这并不仅仅是战乱导致的。那些适宜居住的地方，即使居民换了一拨，还是会被保留下来。但在古罗马时代晚期，阿尔卑斯山以北的大部分聚居区都直接荒废了，只有少数中心地带到中世纪还有少量居民。孢粉分析显示，农业生产整体下滑，森林范围扩大，短短数十年间废弃的定居点就成了林地，在新居民看来这些地方毫无人类活动的痕迹。6—7 世纪，新的村庄建立了起来，形成了新的聚居模式，说明当时的气候条件发生了变化，文明也必将会经历突破。

公元 536 年 3 月拉包尔火山爆发与查士丁尼瘟疫

生活在罗马的拜占庭史官、凯撒利亚（Kaisarea）的普罗科皮亚斯（Prokopius，约 500—562 年以后）曾经写道，在查士丁尼大帝（Justinian，482—565 年，527—565 年在位）执政的第十年，太阳整年都黯淡无光，看上去和月亮差不多。来自君士坦丁堡的历史学家吕都斯（Lydus）也记录过，这一年“正当贝利萨留将军的声望达到顶点时，太阳变得昏暗，庄稼也反常地大片枯萎。”米蒂利尼（Mytilene）的扎卡赖亚斯（Zacharias）则写道：“从第 14 次小纪[①]的 3 月 24 日到次年 6 月 24 日，无

① 罗马皇帝君士坦丁一世下令，每 15 年评定财产价值以供课税，因此成为古罗马的纪元单位，即每 15 年为一小纪。——译者注

论白天的太阳还是夜晚的月亮都很暗。”以弗所的约翰内斯（Johannnes）在关于小亚细亚的记载中提到，太阳连续18个月都黯淡无光，每天最多出现4个小时，因此作物无法成熟，葡萄也很酸。约翰内斯还在教会史中写道，536–537年的冬天格外寒冷难挨，美索不达米亚下起了暴雪。可见，近东和欧洲都受到了极端气候的影响。

这些有关天气异象的描述促使火山学家在气候档案中寻找蛛丝马迹。事实上，在格陵兰岛的冰芯中确实发现了大量酸性物质，分别指向540（±10）年和535年左右的两次火山活动。鉴于周边没有其他达到这个规模的火山喷发迹象，这些残留物只可能来自普罗科普（Prokop）火山。理查德·斯托瑟斯（Richard Stothers）发现，造成这场迷雾的元凶是南半球的一座火山，很可能是巴布亚新几内亚的拉包尔（Rabaul）火山。根据现场的放射性碳素实测值，拉包尔火山喷发的时间在公元540（±90）年，同一时期全世界没有其他类似规模的火山活动。假设这次喷发形成的火山云和气溶胶与印度尼西亚坦博拉火山爆发时的扩散路径相似，那么喷发时间应当是在罗马被尘雾影响之前2至3周，也就是536年3月初。在格陵兰岛冰芯中，来自拉包尔火山的酸性物质含量是1815年爆发的坦博拉火山的2倍。由此可以推断，前者的影响力远大于后者。6世纪30年代末的饥荒和查士丁尼瘟疫可能也与遮天蔽日的火山喷发颗粒物有关。

欧洲的动荡期

中世纪早期的欧洲十分动荡，人口数量降至史上最低，农业收成和仓储容量极低，歉收和饥荒频发。史料详细记载了这一时期发生的寒潮、洪水、歉收、饥荒、流行病和畜疫。以图尔的格雷戈尔主教（Gregor，约 538—594 年）根据亲身经历所记录的为例，6 世纪 80 年代，法兰克人所在的高卢和西哥特人所在的阿基坦阶（Aquitanien）暴雨不止，电闪雷鸣，后又下起暴雪，土地冰冻，一些鸟类甚至冻死，此外还有大洪水、山崩、畜疫、田地绝收、饥荒以及知名和不知名的瘟疫。大片地区空无一人，侥幸活下来的人面对的也是断壁残垣。法国中世纪学者乔治·杜比（Georges Duby）形容这一时期是"长期严寒潮湿的不利环境"。

庄稼歉收、饥荒和瘟疫带来的破坏比战争更大。从 5 世纪初到 8 世纪中叶，阿尔卑斯山脉的冰川持续扩大，充分表明当时的气温在普遍下降。对人类来说，自然界变得十分可怕，它一旦狂野起来，场面堪称混乱。狼群频频袭击牧群和迁徙的队伍，843 年大饥荒时，塞诺内（Sénonais）一头饥饿的狼冲进当地一座教堂。正在做礼拜的人与这头猛兽展开搏斗，陷阱、毒药、围猎，各种手段全用遍。卡尔大帝（774—814 年，768—814 年在位）时期下令各个封地开展捕狼行动。冬季冰冻、春季洪水和夏季干旱导致农业歉收，继而引发饥荒。784 年大饥荒时，约三分之一的人口死亡。人们用所能获取的一切材料烤制面包，无论合不合适；萨克森人开始吃马肉甚至人肉。慢性营养不良也是造成死亡率激增的原因之一。皮埃尔·里歇（Pierre Riché）研究有限的文献资料发现，793—880年至少有13年发生了饥荒，13年发生了洪水，平均每9年出现一次瘟疫，每18年出现一次极寒的严冬。

夏季多雨和冰雹对庄稼生长极为不利。一个不存在“意外”观念的社会往往将这些灾难归咎于个人。西哥特牧师、里昂大主教阿戈巴德（Agobard，769—840年）在传道书《冰雹与雷雨》（*De grandine et tonitruis*）中写道：“此地所有的人，不论贵族还是平民、来自城市还是乡村、年老还是年幼，都认为冰雹和雷雨是人为的……我们看到、听到大部分人陷入疯狂和愚昧，他们深信并坚称有一个叫作马格尼亚（Magonia）的地方，船从那里腾云驾雾般驶来，将被冰雹击落、在雷雨中腐烂的粮食蔬果运回去。船夫献给天气之神一部分收获作为报酬，并得到剩下的那部分。”

随着气候恶化，欧洲不仅出现了农作物减产，种畜数量也有所减少。猪和牛的出栏体重远低于现在以及罗马时期的水平。洪水还引发了畜瘟，农民因此变得极为排外。关于810年法兰克王国的畜瘟，阿戈巴德大主教写道：“前几年出现了一种有关牲畜死亡的愚蠢观点。有人说，格里默德公爵（Grimald）因为对最虔诚的基督教信徒卡尔大帝不满，所以派人带了一种药粉来，撒在田间、山林、草地和水源各处，毒死了牲畜。我们亲耳听说、亲眼看到许多人因此被拘捕，还有一些人被杀害，大部分是被绑在木板上投入河中淹死的。”

如果冬季很长，家畜就会缺少饲料；如果夏季干旱，庄稼就会枯死，如果多雨又会腐烂。每次歉收都会带来饥荒。罗马帝国编年史中提到，公元820年，正值“虔诚者路易”（778—840年，814—840年在位）统治时期，“持续的大雨和潮湿的空气让人十分不适，人畜都染上了严重的疫病，整个法兰克王国几乎找不到一片净土。连绵的雨水使得粮食和蔬菜倒在地里，要么无法采收，要么收回来也烂在仓库里。葡萄酒的情况也好不到哪儿去，这一年葡萄产量极低；而且由于气温太低，葡萄果子又酸又涩。部分地区由于洪水未退，根本无法进行秋播，导致来年春天又颗粒无收。”在这一时期，因营养不良所致，麻风病开始席卷中世纪的欧洲。

玛雅文明的兴衰

与中世纪相关的问题之一是，气候变化是如何同步影响世界各地区的。根据中国和日本的记录，650—850年属于温暖期，与之相对应的另一个典型例子是中美洲玛雅文明的繁荣。约公元300年，当欧洲处于气候恶劣期时，中美洲却诞生了一个印第安高度文明。古典玛雅文明的特征是拥有结构复杂的大型建筑和高耸的金字塔；他们建立了城邦国家，人口稠密，教会等级森严，拥有自己的文字，掌握了不可思议的天文学和数学知识。玛雅文明的基础是发达的农业，我们现在最重要的一些人工栽培植物，例如土豆、玉米、西红柿、鳄梨和烟草都来自这一时期。然而，玛雅文明的衰落来得十分突然，900 年以后再没有出现新的建筑物或纪念碑。人口数量急剧下降，城市和定居点被废弃，文明从此失落。

除了战争以外，可能的原因还有长期人口过剩，以及过度开发利用摧毁了自然环境，引发歉收、饥荒、流行病和底层反叛。玛雅人并非整个族群一起消失，而是贵族阶级和教会神职人员被消灭。人口崩溃之后，他们的居住形式发生了变化。后古典时期的玛雅人离开了高原，居住在靠近海洋、河流和湖泊的地方。这一现象使人联想到，奇琴伊察（Chichen-Itza）、帕伦克（Palenque）和蒂卡尔（Tikal）等古典时期玛雅城邦的毁灭可能与水源问题有关。考古学家理查森・基尔（Richardson Gill）也证实，800—1000 年是近 7000 年中水源最为贫乏的时期。这场大旱动摇了文明赖以生存的基础，饥荒造成人口锐减，战争和内乱则使情形雪上加霜。一批地理学家曾在委内瑞拉的海岸线附近开展深海钻探项目，根据纹泥研究的结果，在玛雅文明衰落的数百年间，夏季季风带持续南移，墨西哥降水严重不足。

玛雅文明毁于干旱，这也解释了为什么玛雅人对雨神恰克（Chac）格外崇拜。在文明衰落阶段，发生过 4 次或将引发危机的大旱：760 年开始的多年干旱，810 年开始的 9 年旱灾，860 年开始的 3 年旱灾和 910 年开始的 6 年旱灾。这些数据与我们从玛雅文字中获取的信息相吻合。根据玛雅人的记录，810 年左右，帕伦克周边西部低地出现了第一批因为无法获取地下水而毁灭的城市。50 年后，科潘（Copán）周边东南低地的城市文明崩溃。810 年，蒂卡尔、乌斯马尔（Uxmal）和奇琴伊察一带中部和北部低地的城市也受到了冲击。低地的水资源一直存储在溶洞，即“天然井”当中。因此，尤卡坦半岛的地形和气候变化共同塑造了文明陷落的各个阶段。现在我们还可以通过气候模型复原玛雅文明衰亡的过程。

秘鲁盆地和高原的文明更迭

与中美洲的玛雅文明相呼应，南美洲诞生了秘鲁莫切（Moche）文明。约公元前 100 年，莫切文化开始兴起，6 世纪达到顶峰。7 世纪初，莫切人的建筑群损毁，王国内部陷入纷争，不久之后莫切文明陨落。

有证据证明，这一文明的繁荣是由于现在干旱的沿海一带当时降水增加。蓄水池、水渠和高架渠的修建促进了农业生产，也将环境风险降到最低。莫切河河口用泥砖砌筑的大金字塔——太阳金字塔和月亮金字塔成为王国的中央圣地。

关于莫切文明消失的原因通常有以下几种猜测：外敌入侵、内乱、人口过密、农业歉收、饥荒或气候变化。考古发掘显示，600 年可能出现了暴雨，毁坏了住所和中央圣地，甚至还会毁掉了大片农田。洪水过后，紧接着数十年降水量骤减，持续干旱导致农作物减产、饥荒，引发暴力冲突，还造成了可耕作土地减少和动植物种类迅速改变。从圣地的考古发掘情况来看，当自然灾害和文化衰落发生时，数百人被献祭以平息天神的怒火。这些信息与安第斯山脉魁尔克亚（Quelccaya）冰川的冰芯研究共同表明，秘鲁海岸线曾经出现长达几十年的大旱。至于当时的暴雨，近期有观点认为那是严重的厄尔尼诺事件所造成的。

早在20世纪70年代，考古学家艾利森C.保尔森（Allison C.Paulsen）就提出，在今秘鲁和厄瓜多尔所在地区，沿海文明和高原文明交替繁荣。莫切文明衰落后，今厄瓜多尔所在的沿海一带由于干旱成了无人区，而南部安第斯高原则孕育出了瓦里–蒂亚瓦纳科王国这一高度文明。9世纪，王国灭亡后，秘鲁南部和北部沿海又出现了新的高度文明，与欧洲中世纪盛期遥相呼应。进入14世纪，由于降雨匮乏，这些文明再度消失，安第斯山脉迄今最广为人知的高度文明——印加文明开始崛起。考古人员通过放射性碳测年法确定出土器物的年代，魁尔克亚冰川的冰芯“年轮”也证实这里发生过剧烈的气候变化。例如，563—594年间，南部高原持续干旱，给当地居民的生活环境带来了很大的影响，这一时期高原地区没有形成高度文明也就很合理了。因此，部分气候研究学者建议，将高度文明出现的时间与冰芯显示的历史降水量进行关联研究。

“圣婴”的远距离作用

南部高原干旱与北部低地强降水之间的切换使气候学者意识到：这种短期气候变化正好符合一种局部气候现象的特征，即因出现在圣诞节前后而得名的“厄尔尼诺”（即西班牙语中的

“圣婴”）现象。当这一现象发生时，秘鲁寒流下层冷水上泛作用减弱、水温升高，渔获减少。秘鲁沿海干旱地区出现强降水，南部高原降水则减少甚至消失，就像1975—1976年和1982—1983年的两次大型厄尔尼诺事件那样。大型厄尔尼诺每3—7年出现一次，通常会给南太平洋带来洋流和大气环境的变化，其中洋流异常被海洋学者称为“厄尔尼诺南方涛动”（El Niño Southern Oscillation，ENSO）。有时，厄尔尼诺并没有出现在12月，而是发生在夏季，且持续时间更长。这种“超级厄尔尼诺事件”出现时，洋流与气压、风向的相互作用会更加强烈，全球热带地区的降水量都会因此而改变：往常干旱的地方出现强降雨，湿润的地方则面临干旱，甚至引发山火。厄尔尼诺南方涛动是影响全球最重要的自然气候标志性事件。部分气候学者认为，除此之外还存在“巨型厄尔尼诺事件”，可以造成持续数十年的气候异常。秘鲁和厄瓜多尔北部沿海地区往往面临十多年异常多雨的天气，南部高原则遭遇了干旱。

“超级厄尔尼诺事件”之所以备受关注，是因为它不仅影响南美洲西海岸，还影响到整个南半球以及北半球部分地区。厄尔尼诺南方涛动发生时，各地都会出现气候的反常变化。当暖流涌向南美洲西海岸时，陆地气候变得异常温暖，部分地区降水量增加。与此同时，澳大利亚北部热带地区、大洋洲、印度尼西亚、菲律宾甚至南亚次大陆都变得更为干燥。有利于农业生产的季风常常延迟到来，或者完全不出现。马达加斯加和东非地区异常干燥炎热，赤道非洲和北美洲南部迎来更多降水和更加寒冷的冬季，北美洲北部和日本的冬季则变得温暖。气候学者认为，在秘鲁的冰芯中甚至可以找到“巨型厄尔尼诺事件”留下的痕迹。考虑到厄尔尼诺影响范围较广，可以把南美洲的情况和亚洲的冰芯研究数据结合起来，研究人员曾对青藏高原敦德（Dunde）冰川进行了冰芯研究。同一时期不同地区发生的气候异常可能指向相同的触发因素。

对秘鲁和中国两地的冰芯比较研究表明，虽然敦德冰川在赤道以北，魁尔克亚冰川在赤道以南，但是在 1610—1980 年将近 400 年的时间内，两地冰川生长速度基本同步。

回溯至 7 世纪，我们会发现厄尔尼诺南方涛动事件与尼罗河洪水水量之间的关联，东非地区的降水量是将两者联系起来的关键。早在 20 世纪初就有研究发现，印度和澳大利亚进入干旱年份时恰逢埃及的降水也偏少；反之，在季风强劲的年份，尼罗河水量也会暴涨。因此，开罗保存的尼罗河水位计读数对所有受到厄尔尼诺影响的地区都很关键。最早的尼罗河水位记录来自 5000 年前，自古希腊罗马时代以后一直保持很高的准确度。从中可以看出，中世纪早期厄尔尼诺南方涛动出现得最为频繁，在 800 年达到巅峰；小冰期（约 1300—1900 年）期间发生频率也与中世纪差不多，到中世纪盛期温暖期时减少。至于这一现象的意义以及背后的全球环境情况，目前还不完全清楚。

中世纪盛期温暖期（约 1000—1300 年）

1965 年，兰姆基于史料和气候物理学数据提出了“中世纪暖期”的概念。约1000—1300年是这段温暖期的顶点，也就是中世纪盛期。这期间，夏季温暖干燥，冬季气候温和。兰姆推测，这一时期气温比1931—1960年“气候参考期”的中值高1~2℃，北部高纬度地区差异甚至达到4℃。冰岛和格陵兰岛几乎没有浮冰，这一时期格陵兰岛的土葬墓穴直到20世纪末仍然深埋在永冻层下。

“曲棍球棒理论”（图0.2）的支持者们对“中世纪暖期”多少有点儿不满，因为它会让人低估20世纪末期人为导致的变暖。毕竟如果在没有人为影响的情况下，12世纪反倒比工业化巅峰时期的气温更高，那为什么不能把今天的全球变暖理解为“自然”原因引起的呢？兰姆最初基于代用数据作出的、略显天真的推测（全球气温上升2℃）在后来引起一片哗然，因为实际测量值只有0.6℃，远低于他的估计。这样一来，就有人试图完全推翻他关于中世纪暖期的论断。雷蒙德·布拉德利和他的同事（可能是曲棍球棒理论的提出者迈克尔·曼）想要彻底抛弃“中世纪暖期”这一说法，代之以“中世纪气候异常期”的概念，因为这一时期北美地区出现水文异常。

但是，中世纪盛期温暖期的存在是不容置疑的，从这一时期的气候数据就可以看出，它与早期的波动和后期的小冰期泾渭分明。特别是约900—1250/1300年间，不仅欧洲和北美洲的大型冰川面积缩减，全球范围内普遍如此。法国气候史学家皮埃尔·亚历山大（Pierre Alexandre）不认同兰姆的说法，在对欧洲的数据进行全面评估之后，他得出结论：直到1170年左右文献资料才具有可信度。在他看来，总体来说情况存在较大的地域差异，尤其是阿尔卑斯山脉以北的国家和地中海地区。中世纪盛期和其他温暖期一样，降水充沛、四季分明，冬季甚至偏冷（图 2.4）。1170—1310 年期间，春季气温比 1891—1960

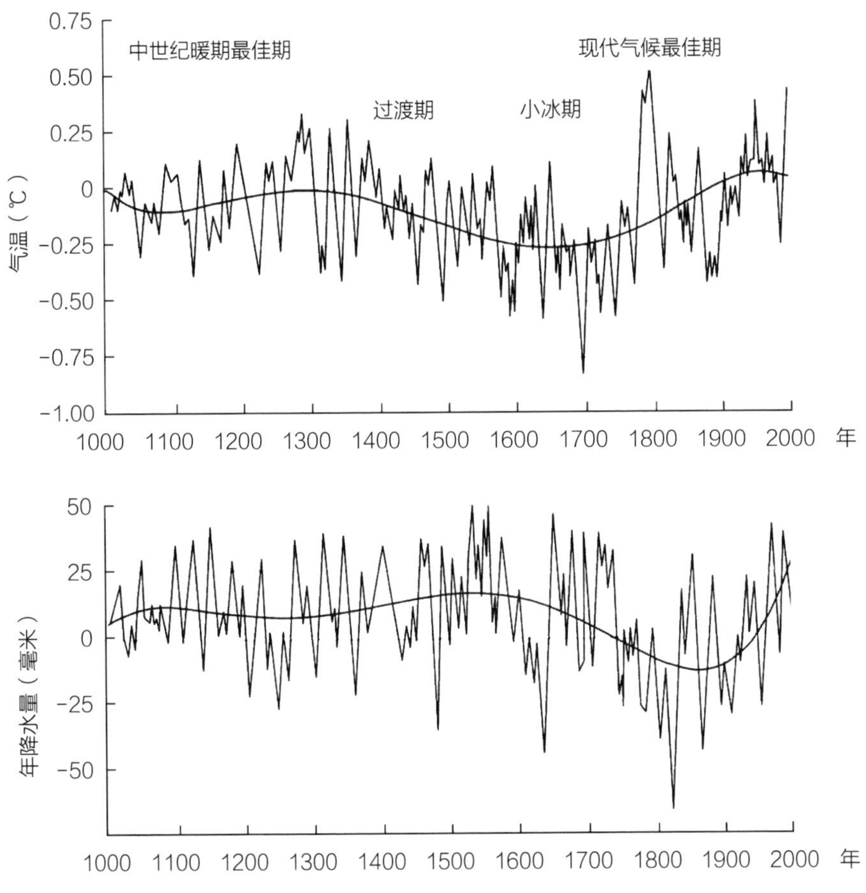

图 2.4 根据地理学家鲁迪格 · 格拉泽（Rüdiger Glaser）的详细研究绘制的中欧近 1000 年气温及降水短期和长期波动图。

年冰川缩小时还高出 3℃左右，这格外有利于植被的生长。暖期结束后寒冷期来临，在 14 世纪 40 年代达到顶峰。地中海地区于 1200—1310 年间遭遇严重旱灾。

针对有关“中世纪盛期温暖期”的争议，两位美国同位素研究学者在分析了太阳辐射强度之后做出了新的解读，既证实了“中世纪盛期温暖期”的存在，又支持了当前人为引起变暖的理论。他们认为，中世纪温暖期应当被视为目前人为导致全球变暖的佐证，因为 20 世纪频繁的太阳活动可能只引起了 0.2~0.4℃的升温，剩下的 0.2~0.4℃则是人为造成的。

欧洲的酷热和异常天气

即使在中世纪盛期温暖期，也出现过极端恶劣天气。例如 1010—1011 年冬天，博斯普鲁斯海峡封冻，尼罗河也结了冰。1118 年冬，冰岛周围出现浮冰，萨克森的冰冻一直持续到 6 月，威尼斯潟湖同样被冰封——通过冰面可以径直抵达圣马可共和国的心脏。次年夏季又暴发了饥荒，造成大量人员死亡。一个多世纪以后，1234 年潟湖和波河（Po）再次封冻。12 世纪 80 至 90 年代经历了有史以来最温暖的十个冬天，1186—1187 年冬季，斯特拉斯堡（Straßburg）鲜花盛开。此前还出现过持续时间更长的暖期，大约在 1021—1040 年期间。根据纽伦堡的相关记录，1022 年人们“走在街上感觉酷热难当”，小溪、河流、湖泊和水井尽数干涸，到处都缺水。1130 年夏季极为干旱，当时的人们可以直接蹚过莱茵河。1135 年，多瑙河几乎干涸，可以步行穿过。政府倒是巧妙地利用了多瑙河水位下降这一契机，雷根斯堡（Regensburg）的石桥就是这一年奠基的。

12 世纪 80 年代以后，欧洲进入一段格外长的暖期，夏季偏暖甚至炎热。直到 1251 年，夏季风暴频发、气温偏低，导致农业歉收、物价上涨，还出现了饥荒和恶疾。需要说明的是，并非所有气候温暖的年份都是有利的，干热会给中欧地区带来旱灾和山火。1261—1310 年间以及 1321—1400 年间，中欧经历了两段持续时间最长的暖夏，但随之而来的是史诗级的蝗灾向北部蔓延。1338 年 8 月，从奥地利、波希米亚、巴伐利亚、施瓦本（Schwaben）再到图林根（Thüringen）和黑森，无一幸免。农作物的收成不仅仅在于夏季，对于很多人工栽培的作物来说，春种和秋收两季甚至更加关键。令人惊讶的是，中世纪盛期温暖期的春季并不总是气候宜人，反而时凉时冷、时暖时热，没有明显的规律。四月寒潮和五月飞霜时有发生，只不过频率比小冰期低一些。那么问题来了，编年史作者是否会如实记录？因为通常只有负面事件会被大书特书。13 世纪下半叶，秋季气候持续温暖干燥，相关的记录却比较少。相反，秋收时节如果遭遇极端天气往往会被详细记录下来，例如，1302 年 9 月 9 日法国阿尔萨斯地区的葡萄藤就冻坏了，这一时期的气温低于前一个世纪的同期气温。秋收季节的恶劣天气似乎从 14 世纪初开始显著增多，而那正是小冰期开始时。

北半球南部的植物和昆虫

对中世纪盛期的研究发现，人工栽培植物的分布范围很明确：阿尔卑斯山脉的林线上升到2000米以上，虽然低于青铜器时代的峰值，但远高于20世纪的水平。林线可以有效反映整个生态系统的变迁。林线以上分布着大范围的地衣、苔藓和花草，以及与这些植物相伴出现的昆虫、小型哺乳动物和鸟类。根据产地名称可知，中世纪盛期德国的葡萄酒不仅产自美因河、莱茵河和摩泽尔河（Mosel）沿岸的古罗马葡萄园，也就是比现在的山坡葡萄园高200米以上的地方，还有的从波莫瑞（Pommern）、东普鲁士，甚至英格兰、苏格兰南部和挪威南部远道而来。能够种植葡萄说明当地夜间无霜，并且夏季日照充足。20世纪末，萨勒-温斯图特（Saale-Unstrut）是德国最北的葡萄种植区，虽然目前仍只有一部分追求新奇风味的人士能接受这里酿造的酒。与之相比，21世纪初，梅克伦堡（Mecklenburg）和比利时成为高品质葡萄酒的新产地，但两地的纬度远远没有达到中世纪葡萄种植的最北界限。

孢粉分析显示，中世纪盛期，挪威又开始种植那些在气候转冷后就停止种植的谷物。特隆赫姆（Trondheim）一带生长着小麦，北纬70°附近种上了大麦一类的作物。9—10世纪，定居生活的农民耕种范围开始扩大。在温暖期的顶点，耕种范围与近代相比从山谷往外拓宽了100~200米。1300年以后，这些人工开垦的耕地绝大部分再次荒废。大不列颠岛的许多地区甚至将耕地扩展到了山上，这种做法可谓“空前绝后”。在苏格兰边境诺森伯兰郡（Northumberland）崎岖不平的山谷中，可耕作的土地一直延伸到了海拔 320 米处。

在亚洲，植被向北推移的情况也同样显著。根据古代中国的相关记录，13 世纪，柑橘和苎麻的种植范围向北延伸，达到最大。这两种都是亚热带植物，其生长需要充足的热量，1264 年它们的种植范围比 20 世纪要往北延伸好几百千米。

关于动物的研究也证实了当时有利的温度条件，例如在英国北部城市约克（York），即古罗马埃博拉库姆（Eboracum）发掘的动物化石。约克的纬度大致相当于莫斯科北部，由于墨西哥湾暖流的影响，这里气候相对温和。对寒冷十分敏感的荨麻地虫可作为气候标志物：考古发现，古罗马气候最佳期和中世纪诺曼王朝时期，这种昆虫曾经生活在约克；而在盎格鲁-撒克逊时期、维京时期和小冰期，荨麻地虫则不见踪影。虽然现代气候变暖，20 世纪荨麻地虫也只存在于英格兰南部阳光充足的地方。中世纪时，在约克市建筑密布的核心区还出现了名为 Aglenus brunneus 的甲虫，说明此地中世纪盛期温暖期气温颇高。喜暖昆虫分布范围扩大也影响了流行病的分布，比如疟蚊曾在欧洲多地肆虐，在中世纪盛期，疟疾一度传入了英格兰。20 世纪，我们普遍认为蝗灾多与非洲有关，但中世纪盛期乃至 14 世纪时中欧地区曾经多次面临蝗灾造成的大规模歉收。

饥荒结束与欧洲高度文明的繁荣

中世纪盛期饥荒消退，社会进入长期繁荣阶段。早在 9 世纪时欧洲人口已经开始增加，大约翻了一倍，后续农业歉收也没有改变这种增长的势头。相对于中世纪早期，这一阶段的耕作水平大幅提高，甚至超过了古罗马时期。11 世纪出现了套在驮马、耕牛身上的轭，更方便借力。轮式重犁迅速得到了推广，耙可以用来高效平整土地，蹄铁能够减少马、骡的意外伤害。粮食种类更丰富意味着歉收的风险降低，荚豆类作物（豌豆、菜豆、扁豆）为普通老百姓提供了更好的蛋白质和碳水化合物来源，轮作也有利于保持土壤肥力。

如果用现代概念来描述，那这一时期可被称为“经济繁荣期”。它的突出表现是工业和农业新技术的应用，而且两者往往密切相关，比如种植亚麻和染色植物就是为了给当时新兴的城市工业门类——纺织业提供原材料。城市纺织业此时刚刚兴起，纺车和卧式织机大大提高了生产效率。此外还产生了一些新的行业，如造纸；为促进生产效率，造纸厂也迅速建立起来。12 世纪，除了水磨磨坊还出现了风磨。随着农奴和纳税者数量增加，教会和贵族从中获利，他们兴建了一大批城堡、宫殿、教堂和寺院。该举措的确缓解了当时的危机，因为那些小小的罗马教堂已经无法容纳激增的人口。

新时代的到来催生了新的建筑风格。中世纪早期教堂的特点是厚墙小窗，内部阴森晦暗、霉斑点点。哥特式风格则是明亮轻快的，中世纪暖期的阳光透过巨大的窗户照进雄伟的新教堂。大型教堂建筑在施工时使用了一系列新发明的工具，例如独轮车、螺旋千斤顶和液压锯。伐木开荒提供了建筑所需的大量木材原料，光是搭建脚手架和教堂中殿的屋顶架就耗费了无数大型木材。建造过程中还需要新开采石场、改善交通，所用的大量工具设备导致对铁的需求猛增，加之骑士阶层对装备、铠甲和武器的需求，大大促进了这一时期跨区域的铁贸易、钢铁工业和铁矿开采业的发展。欧洲首次进入可与世界上其他强大文明比肩的高度文明时期。

人口倍增、毁林开荒与居住密度提高

欧洲人口迅速增长，很快便达到了前所未有的规模。人类开辟定居点并不受政治或文化上的分界线所限，因此中世纪盛期大规模毁林开荒和新建村庄的活动扩大到偏远地区、边境线、丘陵地带、高山山谷和峡湾地区。12 世纪，西多会（Zisterzienser）教士甚至成立了专门的修会，在乡村地区伐木开荒、耕种土地和从事手工劳动。中世纪盛期的开垦方式对自然影响很大，中世纪早期形成的原始森林在这一时期基本被砍伐殆尽。据估计，当时中欧地区的森林覆盖率从 90% 缩减到 20% 出头（目前是 30% 左右）。这一阶段还开辟了一些高山牧场，因为气候变暖促使人们到山上放牧，并在那里停留了更长时间。人们开发了沼泽地，又在北海沿岸筑堤，这样做不仅是为了围海造陆，还可以避免土地被冲刷侵蚀。毫无疑问，随着气候变暖、冰川融化，海平面会上升。哈里根群岛的一部分就是被海啸卷走的，1219 年形成了亚德湾，1277—1287 年又形成了多拉德湾。不过，这些土地流失相对于人工造陆的规模而言不值一提。

这一时期，欧洲的典型景观基本形成：高密度的定居点，保留下来的森林和岛屿完全用于农业生产，并被分割为相对较小的规则地块。中世纪盛期的德国地名往往可以反映出当地森林的存在（名称中含有-grün/-wald/-hain/-schwanden/-schwendi），或者伐木开荒（名称中含有-scheid/-schlag/-au/-stock/-reut/-roth/-rode/-rade）和烧荒活动（名称中含有-loh/-brand/-bronn）的痕迹，欧洲其他国家的情况也类似。英语中表示“开荒”的典型词尾是-thwaite和-toft，法语中是-tuit和-tot。总体而言，几乎所有新的定居点所处的地理位置都不及以前那些。从黑森林的地图上可以明显看出，9—12 世纪的定居点大多分布在边缘地区，要么在深山幽谷，要么在海拔很高的地方。中世纪盛期温暖期结束时，这种分布方式的弊端就显现出来了。

同时，人口数量还在迅速增长。当然，关于这一时期的人口情况并没有可靠的统计数据，但人口历史学家基于大量佐证资料得出了欧洲人口增长的大致数据。1050 年前后，整个欧洲约有 4600 万居民，一个世纪之后增加到 5000 万，1200 年左右达到 6100 万，1300 年扩张接近尾声时至少有 7300 万。也就是说，人口总量在 250 年之内增长了三分之一。新增的人口需要食物、衣物、住所和精神生活，以前的小村庄已难以为继。因此，中世纪盛期城市建设全面推进，德语区的城市数量从中世纪初期文化衰落后残存的几百个增加到3000多个。相应地，其他欧洲国家也经历了类似的增长。在这波城镇化浪潮中，欧洲几大核心城市得以形成并延续至今。柏林、汉堡、慕尼黑等后续繁荣起来的大城市都是这一时期建立的。在随后的几个世纪中，新建城市的数量屈指可数。虽然欧洲的城市化起源于古希腊罗马时期，但现在的分布格局则是在中世纪盛期气候最佳期形成的。

欧洲开始扩张

进入中世纪，欧洲人的自信心大大增强，开始敢于对外扩张。当然，欧洲对外扩张绝不仅仅受到气候变化的影响，而是隐含着文化方面的动机。比如从伊斯兰教的角度来看，这种扩张就是为了维护真神而进行的“圣战”。

温暖期开始后，对外扩张的第一步是从阿拉伯入侵者手中收复伊比利亚半岛。1095年，在西班牙收复失地运动取得胜利的鼓舞下，教皇乌尔班二世（Urban Ⅱ，约1035—1099年，1088—1099年在位）在克莱蒙特号召发起针对伊斯兰教的东征。经过在小亚细亚长达数年的战斗，1099年7月，由法兰克人和诺曼人组成的第一次东征骑士团占领了耶路撒冷。

维京人扩张和北欧国家的建立

此外，中世纪盛期也是维京人的时代。9世纪中叶，维京人占领了英格兰部分地区。来自挪威的维京人在设得兰群岛（Shetland）、奥克尼（Orkney）和赫布里底群岛（Hebriden）定居，随后陆续突袭了凯尔特人建立的苏格兰、爱尔兰和威尔士王国。这些“北方人”在爱尔兰建立了自己的国家，911 年征服了法兰克王国西部一地（即后来以他们的外号命名的“诺曼底”），并在西西里岛建立王国。维京人为斯拉夫人指派了国王，第一位就是基辅罗斯的开国君主留里克（Rurik，862—879 年在位）。据称，在沙皇伊凡四世（“恐怖的伊凡”，1530—1584 年）掌权之前，基辅罗斯一直统治着俄国。

与此同时，斯堪的纳维亚半岛相继建立起一批强大的王国。金发王哈拉尔德（Harald Schönhaar，约 850—933 年，860/870—933 年在位）统一了挪威，随后引发了连锁反应：比约恩（Björn dem Alten，约 900—950 年在位）统一了瑞典，“蓝牙王”哈拉尔一世（Harald Blauzahn，约 910—986 年，950—986 年在位）统一了丹麦。在中世纪盛期有利的气候条件下，我们现在所熟知的北欧国家得以建立。865 年前后，挪威农民弗洛克·威尔加德森（Floke Vilgardson）迁居到北海的一个大岛上。在某个极寒的冬季，他养的所有牲畜都冻死了，于是他沮丧地搬离了岛屿。离开时，他给这个岛起了一个可怕的名字：冰岛。然而，短短 9 年之后，英格尔夫·阿纳森（Ingolf Arnarson）就实现了弗洛克没有达成的目标。在纬度更高的北部，中世纪盛期温暖期比在中欧地区来得更早一些。彼时的“冰岛”成了宜居之地，10 世纪时这里同样存在农耕和畜牧活动。从 870 年到 930 年，仅仅两代人的时间，“冰岛”就告别了冰天雪地，拥有了 6 万人口。欧洲其他地区的农民大多从属于封建领主，而冰岛人却是自由之身。1000 年，冰岛人在全体大会上决定改信基督教之前，北部寒冷地区已有人居住，“定居者之书”《兰德纳马博克》（*Landnamabok*）中有相关记载，当地大量的异教墓穴也证明了这一点。

中世纪盛期温暖期是冰岛的黄金时期，但即使在这段时间内，要在冰岛定居也绝非易事。这里大部分地区，也就是海拔 500 米以上的地区，被大面积的冰川覆盖，将人们居住的沿海地区和河谷地带分割开来。另外，岛上火山活动频繁，带给人类的可不仅仅是舒适的温泉。冰岛最大规模的火山喷发是 1104 年海克拉火山爆发，这场灾难使得南部人口最稠密的肖尔索河谷沦为一片废墟。此后，冰岛度过了“悲惨的一千年”，经历了歉收、饥荒、流行病，人口和牲畜数量骤减。直到 20 世纪，冰岛人口才再次达到 8 万，恢复到 11 世纪的水平。18 世纪末期，拉基火山喷发后，丹麦政府曾考虑过将冰岛人口全部疏散掉。

定居格陵兰岛

维京人在“红色埃里克”（约 950—1005 年）的带领下从冰岛继续向西进发，来到一个无人的大岛。三年之后，当埃里克回到冰岛招募拓荒者时，他将那个岛屿命名为“绿岛”。985 年，埃里克率领 25 艘由拓荒者、种子和牲畜的船只组成的船队开始了征服之旅。后来的史书作者认为，“绿岛”这一称呼并不属实，埃里克大概是个别有用心的乐观主义者或者干脆说了谎。但在埃里克生活的时代，格陵兰岛可能真是个“绿岛”。北欧高纬度地区全面进入温暖期时，格陵兰岛也具备耕种条件。此时，从挪威到冰岛和格陵兰岛的海上航道常年无冰。气候史学家认为，这一时期很少发生风暴，所以在罗盘还未发明、航行毫无舒适性可言的时代，维京人传奇般的航海能力很可能少不了良好气候条件的支撑。

埃里克在格陵兰岛建立了两处长期定居点，一个是靠近南端的东部定居点，另一个是西部定居点。东部定居点也是埃里克自己的农场所在地，这里后来成为整个冰岛的政治中心。最新的考古发掘在当地发现了450多处农家院落，远远超过文献中所记载的数量。西部定居点实际上位于岛屿北端，只不过在靠近美洲这一侧。整个中世纪盛期，挪威和这两个定居点之间都有船只定期往来。12世纪初期，冰岛改信基督教之后，格陵兰岛甚至成为罗马教区之一，教会派了一位主教常驻埃里克斯峡湾（Eiriksfjord）附近的加达尔（Gardar）。岛上维京人的墓地所在区域到20世纪已成了冻土，但起初修建时肯定不是这样。如果21世纪这里的土地再次解冻，那么就会重回中世纪盛期温暖期的状态。

据传说记载，风暴使船队偏离了航向，他们在格陵兰岛西面发现了新的陆地，由此展开了有计划的航海活动。西边的这片陆地就是今加拿大拉布拉多（Labrador）地区，当时被称为“马克兰”（Markland），意思是“林地”。这是一个振奋人心的发现，因为极端的气候导致树木无法在格陵兰岛和冰岛生长，木材必须辗转从挪威运过来。埃里克的儿子“幸运的莱夫”（约 975—1020 年）发现了“赫鲁兰”（Helluland），也就是现在的巴芬岛（Baffin Island）。他从这里继续往南航行，到达了另一个岛屿，并将它命名为“文兰”（Vinland），意思是“葡萄产地”。1005 年左右，维京人在托尔芬·卡尔斯弗尼（Thorfinn Karlsefni）的领导下开始向北美洲殖民，各种传说和 20 世纪 60 年代纽芬兰岛兰塞奥兹牧草地（L’Anse aux Meadows）的考古发掘都证实了这一点。北美定居点的数百名居民踏上了去往南部的发现之旅，但他们遭遇了“野蛮人”（维京人对美洲土著的称呼）的顽强抵抗，欧洲对美洲的第一次殖民宣告失败。就他们的补给线而言，无论格陵兰岛、冰岛还是挪威都太过遥远。

第3章

全球变冷：小冰期

“小冰期”这一概念最早是由20世纪30年代末美国冰川学家弗朗索瓦·马泰（François Matthes，1875—1949年）在一篇关于近期北美冰川扩大的报告中提出的，随后又有一篇关于加州优胜美地谷（Yosemite Valley）冰碛的地质学论文在标题中使用了这个词。马泰十分关注冰后期的气候最佳期，也就是近3000年来，特别是中世纪暖期之后出现的全球变冷。他认为，北美地区现存的大部分冰川并非形成于末次大冰期，而是离我们相对较近的这段中世纪之后的寒冷期。13—19世纪，阿尔卑斯山脉、斯堪的纳维亚半岛和北美地区的冰川都在进一步扩大，马泰将这一时段称为“小冰期”，以便与大冰期区分开来。

1955年，瑞典经济史学家乌特斯罗姆（Gustaf Utterström，1911—1985年）在这一概念的基础上提出，16—17世纪斯堪的纳维亚半岛经济下滑和人口减少可以归因为气候恶化。他指出，费尔南德·布罗代尔（Fernand Braudel）等当时最重要的一批社会历史学家的观点存在缺陷，因为他们只考虑到了社会因素。英国社会历史学家艾瑞克·霍布斯鲍姆（Eric Hobsbawm）虽然结合了经济因素，但也不过是将英国革命及更早之前的政治危机解读为阶级斗争史。在讨论17世纪的危机时，人们越来越关注近代早期的情况，重点不再是宗教改革或法国大革命，而是危机四伏的17世纪中期。

乌特斯罗姆并不认可被社会历史学家奉为圭臬的涂尔干原

理，即：社会事实只能通过社会事实来解释。他强调作用于社会系统的外部因素——气候的重要性。这种观点曾被法国年鉴史学家伊曼纽尔·勒华·拉杜里（Emmanuel LeRoy Ladurie）斥为历史学“传统研究方法”的极端例子，不过他并非要进一步说明何为“传统研究方法”。但同时拉杜里也注意到，气候理论与年鉴学派所关注的历史“结构”研究适配度很高，以至于他本人最终成为这一理论的拥趸。拉杜里醉心于葡萄产量情况的系列研究，于数年后出版了一部气候史著作。他的这本书大体上以乌特斯罗姆关于17世纪危机的解读建议为基础，其中引用了大量自然科学文献，并使得“小冰期”的概念更加广为人知。

自那以后，“小冰期”的关注度越来越高。欧洲历史上的气候波动是毋庸置疑的，目前为止多个大型研究项目都证实了这一点，例如英国学者兰姆、瑞士学者克里斯蒂安·普菲斯特、捷克学者鲁道夫·布拉兹迪尔（Rudolf Brazdil）和德国学者吕迪格·格拉泽等人各自进行的研究。和中世纪盛期温暖期一样，我们不应把小冰期理解成持续的寒冷期，而是以气候变冷作为主要趋势。一般经过若干寒冷潮湿的年份后，也会出现气候“正常”的时期，甚至是极端高温的年份。因此，一部分偏谨慎的气候史学家根据气候多变性和极端天气出现的频率来划定“小冰期”。

通过对来自巴伐利亚的英戈尔施塔特（Ingolstadt）和艾希施泰特（Eichstätt）的两份1508—1531年天气日志进行评估

后发现，宗教改革时期的冬季气温与 20 世纪 70 年代接近。而 1563 年之后的几十年里，瑞士苏黎世的平均气温显著下降了约 2℃，被视为小冰期的典型降温事件之一。以中世纪为基点进行观察，1300 年前后开启了一段与中世纪盛期温暖期完全脱节的异常气候期，14 世纪 20 年代开始进入小冰期。

全球变冷的可能原因

小冰期的起因还不明确，主要是可供研究的资料非常少。目前在关于气候变冷的各种推测中，最重要的是太阳活动有所减少。中国、日本和韩国的研究者发现，在古代晚期以来的记载中，17 世纪末没有出现太阳黑子的踪迹。而在欧洲，随着望远镜的发明、天文台的建立以及系统的自然观测活动，关于气候变冷的理论得以形成。太阳黑子数量下降被认为是太阳活动减少的表现，可能与 1675 年之后的寒潮有关。天文学家爱德华·沃尔特·蒙德（Edward Walter Maunder，1851—1928 年）梳理了同时期其他研究者的观测结果，1675—1715 年间的寒冷期因此被命名为"蒙德极小期"。无论是针对整个小冰期还是其中的极端年份，太阳活动减少都是最为合理的解释，乔治·C. 里德（George C. Reid）借助气候模型测算出的结果也佐证了这一点。

20 世纪 70 年代，以克劳斯·U. 海默（Claus U. Hammer）为首的一群丹麦地球物理学家公布了他们在冰川中发现的两团高强度火山活动的残留物，时间上与小冰期顶点相吻合。虽然中世纪盛期冰层中硫化物的含量很低，1250—1500年和1550—1700年两段的残留物却指示了自古代以来最为剧烈的火山活动。关于这两次火山喷发的真相后续才一点点被揭开。根据格陵兰岛和南极地区钻取的33根冰芯的研究情况，15世纪50年代全球变冷背景下出现的瓦努阿图（Vanuatu）库瓦（Kuwae）火山大爆发，其时间基本确定在1452年与1453年之交。这次火山喷发的强度很可能比印尼坦博拉火山更大，但由此引发的气温骤降也只能影响到南半球。

1580—1600年这动荡的20年间一共见证了5次火山爆发。虽然历史学家未必听说过这些火山活动，它们却实实在在地影响了欧洲历史，这5次分别是：1580年美拉尼西亚地区布干维尔岛（Bougainville）米切尔（Mitchell）火山爆发、1586年印尼爪哇岛克卢德（Kelut）火山爆发、1593年爪哇岛拉翁（Raung）火山爆发、1593年哥伦比亚鲁伊斯（Ruiz）火山爆发和1600年秘鲁南部埃纳普蒂纳（Huaynaputina）火山爆发。其中，只有1600年的这一次能在西班牙殖民者留存下来的资料中找到记录，因此我们可以确定它的具体日期是1600年2月19日。埃纳普蒂纳火山爆发将周围20千米变成了一片废墟，火山灰飘向秘鲁、玻利维亚和智利上空，并且进入平流层，造成接下来的几个月全球太阳辐射减少，最终引起世界范围内农业歉收和饥荒。总体而言，8个夏季偏冷的年份与8次大型火山活动有关。

环境的变化

全球冰川扩大与干旱加剧

冰川研究的伟大先驱、第一本关于小冰期的出版物作者让·格罗夫（Jean Grove，1927—2001 年）在介绍全球冰芯研究总体情况时强调，中世纪盛期气候最佳期之后的数百年里，寒潮促使冰川不断扩大。这种情况在全球范围内普遍存在，只不过不同地区在具体时间上略有差异。格罗夫认为，全球变冷始于 14 世纪早期，在北半球高纬度地区可能会更早一些。大规模冰川一直存续到 19 世纪末，期间时而扩张时而消退。

当然，气候变冷并非在任何地区都将引起冰川扩大，因此从冰川研究中总结出的“小冰期”概念放到热带干旱地区并不合适。对于西非和赤道沿线类似地区而言，气候变冷的危害远没有降水不规律那么严重。在地中海的部分地区，干旱则是主要问题。近代早期，撒哈拉沙漠及其南部干旱区的边界向南推进了数百千米，使原本适宜耕种的气候区范围大幅缩减。1600 年前后，尼日尔河上游重镇廷巴克图（Timbuktu）地处稀树草原北部，还是一片可耕地，但 200 年后撒哈拉以南干旱区的边界已经逼近这里。

季节性降水的转移也成为印度和中美洲热带地区面临的最主要问题。干旱加剧是全球气候变冷的典型特征。西班牙完全干涸。根据威尼斯官员的描述，1548—1648 年克里特岛持续干旱，约有四分之一的年份冬季或春季从未降过雪也没下过雨，对庄稼、葡萄和橄榄的收成造成了毁灭性打击。反观 20 世纪，从来没有出现过整个季节不下雨的情况，反而有五分之一的年份冬季出现“极强的降雪和持续异常低温，或雨水过多，以至于到来年暮春播种仍在受到影响”。

对于地理学家和冰川学家而言毋庸置疑的发现，在历史学家看来可能研究方法存在问题。这其中的部分原因是气候研究的时间跨度相对较大，而历史学研究将时间分割得很碎。如果以年或月为单位，很难能找到气候变化的证据。地理学认为气候变冷是一个完整的过程，冰川和沉积物的形成需要几十年甚至数百年，这些变化很难体现在日常当中。对于生活在那时的人们来说，短期变化比中长期变化影响更大，因此我们往往在文献中找到的是关于天气而非气候的观察记录。通常人们关注的是极寒、长冬、大雪和冰冻。地方编年史从不考虑将不同时期的情况进行对比，传教士则认为宣扬天降大雪是“神的劝诫”。1624 年难挨的冬天过后，图林根牧师马丁 · 佩佐尔德（Martin Pezold，卒于 1633 年）在他的著作《雪思》（*Schneegedancken*）中将欧洲历史上出现的凛冬一一整理了出来。

冰川扩大同样是人们关注的事件。比如，1601 年法国夏木尼镇（Chamonix）的农民惊慌失措地向萨伏依政府求助，因为当地的冰川，即现在的“冰海冰川”（Mer de Glace）不断扩大，已经连续吞噬了两座村庄，第三座村庄也岌岌可危。马丁 · 齐勒（Martin Zeiller，1589—1661 年）在梅里安（Merian）的版画作品《赫尔维蒂亚地形》（*Topographia Helvetiae*）中描述了伯尔尼高原（Berner Oberland）因特拉肯（Interlaken）附近的格林德瓦冰川面积扩大：“距离城镇不远处曾经有一座名为圣佩特纳尔（St Petronel）的小教堂，从前人们在这里做礼拜。后来，山体冰川覆盖了这里。因此，当地人目睹了冰川日益扩大，覆盖了山脚的土地。过去那些草地和牧场消失了，变成了寸草不生的荒凉山坡。事实上，许多地方的农民都因为山体的增长而不得不搬离他们的住所。在山体增长的过程中还形成了巨大的冰川、岩石和峭壁，耸立在房屋、树木和其他物品旁边或上面。”马丁描述了冰川运动以及浮冰融化时发出的巨响，他认为，格林德瓦冰川“慢慢扩大，夺走了村民的牧场、土地和房屋，真是一座神奇的山”（图 3.1）。

图 3.1　马特乌斯 · 梅里安（Matthäus Merian）版画作品中的小冰期。格林德瓦冰川向地面扩大，威胁到周边的传统居住区，最后这里成了旅游景点。

江河湖海封冻

根据中国的大型湖泊全部封冻这一情况可以判断，1470—1850年间的平均气温比20世纪末低1℃。瑞士人将结冰的大型高山湖泊称为“封冻湖”，这一概念后来被推广到世界各国。15—16世纪，欧洲的封冻湖数量之多空前绝后。当气温持续低于零下20℃时，博登湖（Bodensee）湖面就会全部结冰。历史资料中能够找到的最早的博登湖封冻记录出现在9世纪，分别是875年冬季和895年冬季，随后200年内这里没有再结冰。11世纪，博登湖又出现了2次封冻，12世纪一次（1108年），13世纪3次。

然而，随着小冰期寒潮到来，博登湖封冻的频率也显著增加。14世纪，1323年、1325年、1378年、1379年和1383年都出现了；15世纪和16世纪各出现了7次，达到了最高峰。1409—1573年间，博登湖平均每隔12年就会封冻一次；1560—1575年小冰期核心期甚至每隔5年就封冻一次，其中1572—1573年冬季可能是封冻时间最长的一次。1572年12月湖面全部结冰，主显节[①]时短暂解冻，造成了几人溺亡，不久后再次封冻，到第二年3月24日复活节星期一时才再次解冻。封冻的湖面被附近居民充分利用起来，人们在湖上徒步、运货、玩雪橇、办派对或者定期举办市集，六匹马拉的马车都可以在

① 天主教及基督教的重要节日，每年的1月6日；又称“三王来朝节”，即纪念耶稣在降生为人后三位国王来朝拜。——译者注

冰上通行。

1573 年 2 月 17 日，第一次“冰上游行”成功举办，此后作为一项传统延续至今。游行时，一尊来自瑞士明斯特林根（Münsterlingen）的圣约翰胸像会被送往湖滨小镇哈格瑙（Hagnau），并一直保存在那里，直到下一次湖面封冻，然后游行队伍会沿原路返回。17 世纪，博登湖封冻了两次，分别在 1684 年和 1695 年——整个 1000 年中最冷的两年。启蒙运动时期，只有 1788 年出现了封冻；19 世纪，1830 年和 1880 年各出现了一次。大量版画和照片都以此为主题。20 世纪封冻出现在 1963 年，当时破冰船都无法正常作业，大量鸟类冻死，骇人的场面不亚于小冰期。气候学者普遍认为这一年是新的寒冷期的开端，但明斯特林根的圣约翰胸像却一直没有等来博登湖的下一次封冻。

由于小气候的差异，瑞士的日内瓦湖、四林州湖（Vierwaldstätter See）或者苏黎世湖（Zürichsee）等阿尔卑斯山脉的其他大型高山湖泊并不一定与博登湖同时封冻，但总体来说与上述趋势也是一致的。

莱茵河、泰晤士河等欧洲主要河流也出现了封冻（图 3.2）。16 世纪 60 年代以来，德国科隆（Köln）多次报道，莱茵河不仅河水结冰，连河床也被冻住。不过历史上最有名的要数 16—18 世纪的泰晤士河集市——河水结冰达到一定厚度时，伦敦城的生活就拓展到了河面上。人们在冰上摆摊做生意或者进行冬季运动，甚至有小吃摊也生起了明火。那场面十分壮观，许多木

图 3.2　小冰期时泰晤士河经常封冻，伦敦居民在河上开办集市、运动竞赛。1895 年泰晤士河最后一次结冰仅仅是浮冰堆积造成的。

刻版画、铜版画和油画都以此为主题。荷兰的冬天和英国一样以气候温和著称，小冰期时则留下大量关于滑冰、冰球等冰上运动的画作，因为当时这里的河道全部封冻。就连地中海地区的河流也再次结冰，不论是威尼斯的波河、佛罗伦萨的阿尔诺河（Arno）、法国南部的罗纳河（Rhone），还是西班牙南部的瓜达尔基维尔河（Guadalquivir）。1709 年 1 月，里昂附近的索恩河彻底冻住，并且由于不久前刚下过大雨，地面也“冰冻三尺”（约 1 米）。同年冬天，法国南部的橄榄、葡萄和栗子树全部冻死，连酒窖里的酒和装在瓶中的墨水都结了冰；同样被冻死的还有圈养的家畜和野外的动物，包括鸟类；马赛湾也被冻住了。这样的寒冬在小冰期并不罕见。

不过，在纬度更高的海域出现了长期的改变。浮冰和冰层的边界大幅南移，冰岛北部的海域在长达半年的冬季里都被阻断——中世纪盛期和现在这里都是全年无冰。冰岛南部的港口，例如雷克雅未克（Reykjavík）只有为数不多的几个月不冻；斯匹次卑尔根岛的港口则只有夏季的 3 个月才可通行，而中世纪盛期和今天这里全年开放时间为 9 个月。1315—1316 年冬天极为寒冷，波罗的海全面封冻。这一奇观在随后的一个世纪里又多次出现。15 世纪，浮冰的界限向南延伸到很远，以至于通往格陵兰岛的航道都被全面阻断，有时连去往冰岛的路线也不能顺利通行。冰山还影响到了去往挪威、丹麦和大不列颠岛的船只。

整个 20 世纪，威尼斯潟湖封冻了两次，一次是由于零下 10℃的寒风（“布拉风”，Bora）持续吹拂，致使湖面冻住了 4 天（1929 年 2 月 10—13 日）；另一次是受零下 8℃的布拉风影响，封冻 11 天（1956 年 2 月 10—21 日）。彼时的气温比中世纪盛期温暖期的 400 年还要低。中世纪时虽然气候恶劣，但威尼斯潟湖也只有 2 次封冻记录。反而在 1300—1800 年间的小冰期，湖水封冻近 30 次，差不多每个世纪就出现 6 次。最早的 2 次出现在 1311 年和 1323 年，也就是小冰期开始的阶段。有几次水体封冻的规模特别大：1432 年 1 月 6 日—2 月 22 日，将近 7 周时间，从威尼斯去往梅斯特雷（Mestre）的马车可以从冰面上通过；1491年冬天，在威尼斯大运河上举行了骑士锦标赛；1569年，威尼斯潟湖直到3月还未解冻，这是史上最晚的一次；1684—1709年极寒的冬天，冰面上可以承载很大重量的货运车辆。据威尼斯日志记载，1716、1740、1747以及1755（两次）等年份都发生了封冻。1789年的冰封则出现在了许多画作中。

动植物的变化

16世纪末，新教牧师丹尼尔·沙勒（Daniel Schaller）写道："田地的收成一年不如一年，从城市到乡村，到处都能听见农人的诉苦和哀叹，事情发展到后来，物价飞涨、饿殍遍地。"从类似的记载中，我们可以了解到气候变化对当时的动植物产生了何种影响（图3.3）。和铁器时代初期类似，优质的粮食品种难以适应潮湿寒冷的气候。在北欧部分地区，例如冰岛不得不放弃种植谷物，还有一些地区转而种植燕麦和黑麦。通过观察收获时间可以发现，恶劣的气候导致果树开花、干草收割、葡萄成熟的时间纷纷推迟。有的年份，阿尔卑斯山以北的地区夏季太短，葡萄无法完全成熟，酿出的酒也很酸。

植被分界线的推移影响到了欧洲的主要农作物：小麦和葡萄。虽然中世纪盛期，挪威北部和英国已经开始种植葡萄，但14世纪和16世纪葡萄种植范围两次大幅南移。在沙勒牧师生活的时期，波罗的海周围的葡萄种植业已经消失。直到现在，经历一个多世纪的气候变暖之后，欧洲葡萄种植范围仍然

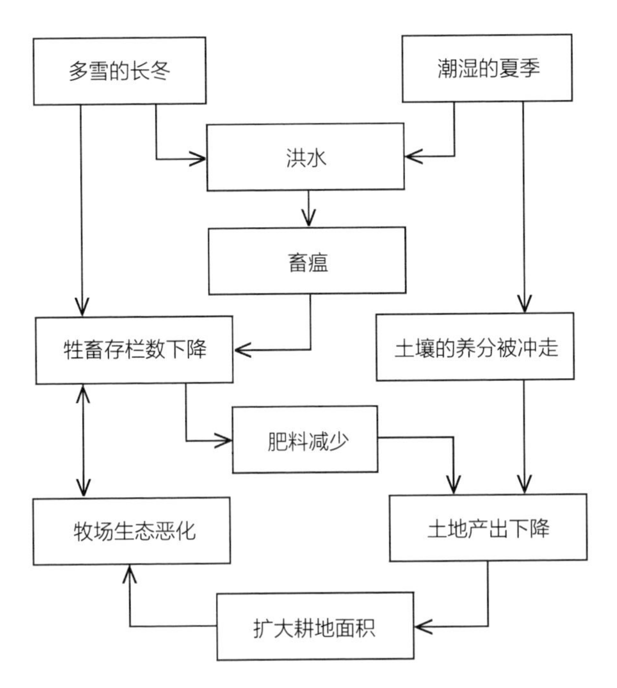

图 3.3　小冰期对农业的影响：伯尔尼学者克里斯蒂安·普菲斯特的假设模型。

比中世纪盛期尾声时偏南 500 千米左右。就连种植条件优越的德国莱茵河和摩泽尔地区，有几个年份出产的葡萄酒品质也不佳。1588 年 10 月，科隆新贵族赫尔曼·温斯伯格（Hermann Weinsberg，1518—1597 年）惊讶地发现自己喝不到葡萄酒了，因为这之前整整 13 年新酒品质都不如人意，导致他没能储藏足够多的酒。于是，他拿自己的名字开玩笑说："我'酒山'[①]先生

① "温斯伯格"（Weinsberg）直译为"酒（Wein）山（Berg）"。——译者注

也只好用空杯待客了。”

我们尚未掌握所有经济作物的情况，但费尔南德·布罗代尔断定，橄榄的种植范围也大幅度向低纬度地区推移了。我们对生态系统变化的了解有限，主要原因在于这一阶段对野生植物的系统性观察资料缺失。目前只知道阿尔卑斯山脉树线降低，高山牧场不得不被废弃。同时，据推测，草场的牧草退化，牲畜健康状况、产奶量和奶的品质都受到了影响。在极端气候年份，高地山谷和丘陵地带等环境条件较差的地方，植物多样性也遭到破坏。关于留存下来的树种结构发生了哪些变化，还需要进一步研究。

气候变化对动物也产生了影响。这一点当时的人们就已经注意到了：“水中的鱼没有以前那么多了，森林和田间的野生动物也变少了，天上的鸟儿也是一样。”关于水体中鱼的数量减少的描述应该是符合事实的。此外，我们还进一步了解到了海鱼的情况，因为有专门书籍介绍北大西洋捕捞行业的产量。可以看到，中世纪晚期以来冰岛和挪威的鳕鱼产量大幅减少。这与它们的生理机制有关：鳕鱼的肝脏在 2℃以下就会停止工作，因此它们也可以作为温度指示物。17 世纪的极寒年份，例如 1625 年、1629 年和蒙德极小期，渔业界限大幅南移，丹麦法罗群岛（Färöer–Inseln）也捕捞不到鳕鱼了。

气候变化对陆生动物的影响更加令人印象深刻。例如，16 世纪晚期胡秃鹫的灭绝就与阿尔卑斯山的热流有关。约翰·雅各布·威克（1522—1588 年）称，1570—1571 年冬季，除了

“无法用言语形容的寒冷”和大型高山湖泊封冻以外，还出现了“很深的积雪，许多人倒在雪地里冻僵了，最后因此丧命”（图3.4）。和中世纪早期一样，饥饿的狼群走出森林，袭击人类。库尔（Chur）的牧师托比亚斯·埃格利（Tobias Egli，1534—1574年）向瑞士宗教改革家海因里希·布林格（Heinrich Bullinger，1504—1575年）报告，莱茵河谷齐策斯（Zizers）附近有三名缝纫女工因此受伤。对于野生动物而言，农田歉收和饥荒构成了双重威胁：一方面植物生长的窗口期缩短；另一方面人类狩猎活动增加。困难时期，对盗猎行为的惩罚变得非常严厉。1600年前后，伯尔尼高原颁布了针对部分鸟类的禁捕令，

图3.4　1570—1571年的凛冬，狼群跑出森林。来自苏黎世市民约翰·雅各布·威克（Johann Jakob Wick）收集的雪灾报道配图。

因为它们的数量已经锐减至濒危水平。从地方账簿中不难看出，某些年份由于极寒、干旱或洪水导致鼹鼠数量急剧下降，政府已无须支付额外费用雇人灭鼠。

与植物方面类似，我们掌握的有关家畜的资料比野生动物丰富得多。在几个北欧国家，例如格陵兰岛、冰岛、斯堪的纳维亚半岛和大不列颠岛部分地区，这一阶段无法继续养牛，人们只好转而养羊。高地和阿尔卑斯山区的畜牧区范围也随着高山牧场的消失而缩减。最大的危险来自积雪消融引发的洪水（图 3.5），由此常常会污染牧草、传播畜疫。通过史料可以发现，在近代早期的农业社会，畜疫是一件大事。

图 3.5　保险公司的数据反映不出历史上的自然灾害情况。木刻版画《图林根大洪水》，1612—1613 年。

气候变化同样影响到昆虫和微生物。阿尔卑斯山以北变冷之后，这里不再适合疟蚊生存，疟疾问题随之迎刃而解。中世纪盛期，疟疾一度传入英国，到小冰期又退回了北非，现在疟疾的主要传播地在伊拉克和撒哈拉以南。另一方面，北部寒冷的气候给一些寄生虫提供了理想的生存环境。跳蚤和虱子就很喜欢个人卫生状况不佳的宿主，它们藏在厚厚的衣服里，从别名（“体虱”）就能看出来。虱子会传播一种叫作伤寒病原体的细菌，能引起危险的斑疹伤寒。即便是现在，如果患者得不到适当治疗，斑疹伤寒的致死率仍然高达 10%~20%。跳蚤则会传播鼠疫（又称“黑死病”），这是 14 世纪中期之后欧洲的主要流行病。此外，气候变冷对鼠疫杆菌也是个好消息。随着裸体和性成为禁忌，16 世纪浴场文化衰落，为跳蚤提供了更加有利的生存环境。越来越多的文艺作品把目光投向这种小虫子，例如约翰·菲沙特（Johann Fischart，1546—1590 年）创作的讽刺剧《跳蚤哈茨与妇人特拉兹》（*Flöh Haz, Weiber Traz*），以及某个不具名人士写的打油诗，他在诗中自称为“跳梁小丑”，把他那位于德国北部低地的家乡称为“跳蚤地”。

格陵兰岛的维京人消失

受气候变冷影响最大的是北欧国家。随着气候恶化，格陵兰岛的欧洲人定居点全部废弃。植物生长的窗口期大大缩短，人们无法继续种植粮食；牲畜的放牧范围缩小；从北美或挪威进口木材变得更加困难，最终不得不完全停止；与欧洲大陆的贸易也中断了。因此，我们只能通过考古发掘的骨骼和牙齿推断，当地居民的饮食条件急剧下降，身体状况越来越差，并且缺乏专业的医疗供给。1350 年，一位挪威牧师来到格陵兰岛巡视，发现西部定居点已经废弃。这里遍地是牲畜，却看不到一个人。人们去哪里了呢？连一具尸体也没有找到。此时的土地已经变成永冻层，像维京人那样掘墓土葬是不可能的。曾经有人提出，当地人出现了基因退化，但在了解 14 世纪的气候变化之后就可以得出结论：格陵兰岛居民的消失与一系列歉收、饥荒和疾病有关。来自格陵兰岛南部主要定居点“东部定居点”的最后一则消息于 1410 年到达挪威卑尔根（Bergen），内容是将当地一位巫师处以火刑。这充分表明岛上情况已经十分危急，因为在这之前从未出现过类似事件。

无论是历史文本还是自然科学研究，都已经把维京人分析得相当透彻。从中我们可以得知，气候并不是影响人类文明的唯一因素。虽然格陵兰岛气候变冷，但北部的因纽特人却适应得很好。他们发展出了狩猎和捕鱼文化，放弃了种植和畜牧活动。在这个过程中衰落的只有被维京人传播出去的欧洲新石器革命的遗产——以谷物种植和畜牧业为基础的文化。从一户溺亡后被制成木乃伊的因纽特人家庭中可以看出，他们很早就开始用兽皮制作保暖的衣物。生活在格陵兰岛的欧洲人却一直穿着布衣，这在北极地区的极端环境下并不实用。此外，欧洲移民的经济形式本身也是摧毁他们生存基础的因素之一：在本就贫瘠的土地上过度放牧，加剧了水土流失。牲畜和它们的主人一样变得愈发瘦弱多病，但维京人始终坚持原有的生活方式。从垃圾坑发掘的残留物来看，他们几乎从不吃鱼和野生动物。

这种顽固的态度引发了后世大量的讨论。可能是寒冷的气候使得海面结冰、鱼的产量减少，从而导致维京人无法顺利转变生活方式；但可能性更大的是文化方面的原因：教会禁止基督徒按照因纽特人（异教徒）的方式生活。双方缺乏交流，这可能意味着欧洲移民与因纽特人真的断绝了联系。“红色埃里克”的后代最终因为无法适应新环境而消失了。

冰岛和挪威的衰落

除格陵兰岛之外，未能通过发展渔业来弥补种植业衰退的还有冰岛。虽然丹麦政府禁止挪威建立自己的船队，但没能开展远洋捕鱼活动主要还是由于当地农民缺乏冒险精神。在土地减产的同时，峡湾越发寒冷的气候也导致鳕鱼产量下降，传统捕鱼业失去了发展空间，冰岛部分地区甚至完全停止捕捞。农民缺少投资的本钱，移民之后发展起来的许多村庄被废弃。冰岛北部受到的冲击格外严重，原本肥沃的谷地由于冰川外扩和海上浮冰的影响，曾与岛上其他地区失去联络长达数月。许多农户和村庄纷纷被荒废，人们一度认为这是14世纪人口大幅减少造成的，事实上这是气候变化的后果之一。长期气候变化的负面影响一直持续到近代早期。

1969—1982年，斯堪的纳维亚半岛的一个跨学科研究项目对北欧国家的荒村情况进行了梳理。从定居点变动情况来看，包括丹麦在内的各国居民一直到中世纪盛期仍在频繁迁移，直到1200年以后才基本稳定下来。整个斯堪的纳维亚半岛的农耕文明也是在中世纪盛期气候适宜期才得到持续发展。挪威农村分散式的居住方式经历了两段灾难期，约40%的住所被荒废：一次是6世纪气候恶劣期的人口大迁徙；另一次是1300年小冰期的到来。具体过程大体类似：先是海拔300米以上的地区植物生长窗口期大幅缩短，粮食种植难度增大；同时人们无法从偏远的峡湾获取充足的物资，难以维持生活。这对当地人口造成了显著的影响——受14世纪早期饥荒的冲击，人口数量从1300年的峰值迅速回落、一路下滑，于1700年跌至最低水平。

17世纪之后，随着官方史料越来越完备，我们能够详细了解气候变冷带来的影响。当时，农户要想申请减税必须提出充足的理由，单凭报告田地减产是不够的。从历年的损失报告可以看出清晰的变化趋势：1650—1750年间，汇入北峡湾（Nordfjord）的河流几乎每年都会决堤。与此同时，关于冰川崩塌、雪崩和山体滑坡的灾害报告的数量之多，也达到了前所未有的程度。1687年，许多农户的房屋因山崩而损毁；1693年和1702年，大片牧场被洪水淹没，农民纷纷逃难。洪水过后，草场遍地都是砂砾和石子，无法继续使用。由于随时可能会出现滑坡，农户很难找到帮忙干活的雇工。17世纪，各个地区的牛、羊等家畜数量都大幅减少。河谷地带的自然灾害则主要是强降雨或融雪引发的洪水和山崩。

沃拉姆·珀西与英国失落的村庄

“中世纪废弃村庄研究小组”的研究范围不仅包括乡下的住所，还包括农田的变迁和农业开发的形式。他们运用航空考古技术发现了大量荒村，这些地方在农业集约化发展之后便失去了踪迹。短短数年间，仅在英国范围内就找到了4000多个荒村。这些村庄建于中世纪暖期，经过数百年的发展，在1300年之后被废弃，这就是“英国失落的村庄”。

德国的研究将荒村问题归结于黑死病流行，与之相比，英国的研究质量更高，因为它揭示了更为复杂的原因，并且考虑到了小冰期气候变化这一因素。早在黑死病爆发之前，1315—1322年大饥荒过后的人口数量就已经开始下降。牛津大学默顿学院（Merton College）研究发现，13世纪90年代耗资巨大新建的一座风车磨坊，到了14世纪30年代已经无人管理，因为附近来使用磨坊的农民太少了。渥斯特（Worcester）主教由于在阿普顿（格洛斯特郡）找不到农民帮他打理田地，只好把农田改成了牧羊场。有趣的是，通常正是由于资本家圈地开办牧羊场，才使得越来越多农民失去土地和身份。14世纪的危机则恰恰相反，人由于人力不足、土地肥力下降，耕地被改造成牧羊场。此外，英国还出现了另一种形式的改造：将耕地变成园林，这种做法始于15世纪。

所有荒村研究中最翔实的是1950—1990年夏季进行的北约克郡（North Yorkshire）沃拉姆·珀西（Wharram Percy）项

目。现场发掘工作受到季节的严重限制，本身就已经反映了这些村庄被废弃的原因：除夏季的几个月外，北约克郡丘陵的高海拔地区气候又冷又湿，令人难以忍受。沃拉姆·珀西所处的山谷地带积雪融化时间比周边谷地还有现存的姊妹社区沃拉姆街（Wharram-le-Street）更晚。研究表明，沃拉姆·珀西并非14世纪初就已经荒废。黑死病过后，1368年当地还有30来户居民。恶劣的气候使得住户进一步减少直至消失，1458年剩下16户，1500年只剩下一户。中世纪盛期时，这里曾是极佳的定居点，小冰期时则变得不再宜居。

人为的改变

德国的荒村研究长期受到威廉·阿贝尔（Wilhelm Abel）的“农业危机理论”影响。这一理论认为，引起危机的并不是农业承载力下降，更多的是人口减少导致对食物的需求降低，因此土地产出下降。14世纪以后地价下跌，地主不愿继续接管废弃的农庄。乡下的小贵族没落，“强盗贵族”的出现进一步破坏了乡村定居点。在英国和斯堪的纳维亚半岛的荒村研究方面，这样的观点是站不住脚的。通过这些高质量的研究，我们清楚地了解到，小冰期气候恶化对于环境、农业以及人类的生存环境产生了哪些影响。

中世纪盛期的村落、农庄、牧场和耕地荒废后，经过一段时间人口数量又开始增长。16世纪末，人口至少恢复到了300年前的水平。随着居住区的收缩，必须用更少的土地来养活更多的人，城市化实现了这一点。伦敦、巴黎、米兰、那不勒斯和伊斯坦布尔等城市发展成为大都市，人口都接近 25 万大关。威尼斯、佛罗伦萨、维也纳和阿姆斯特丹等城市的人口也超过了 10 万。不过，更重要的一点可能是许多小城镇的人口成倍增长，这样的城镇在中欧就有 4000 多个。由此带来了巨大的后勤保障压力，需要为这么多人口提供食物、饮水、作为建筑原料和燃料的木材，还需要处理他们产生的垃圾和污水。显然，解决供应问题需要更先进的种植、生产技术以及更完善的贸易网络。

此外，人口增长还有一个副作用——对自然的过度开发。无论是工业化程度提高、采矿、取暖用能、冶铁、制盐，还是保障军需、组建舰队，都意味着需要砍伐森林，这一点当时已经引起了人们的关注和批判。在部分地区，例如，神圣罗马帝国的城市纽伦堡和威尼斯共和国颁布了森林保护法，但其他地区并没有出台预防性的环境政策。大不列颠岛、西班牙、意大利、达尔马提亚（Dalmatien）、希腊、小亚细亚和北非已经找不到一片森林。滥砍滥伐的后果众所周知，地下水位下降，干旱加剧（特别是在地中海国家），已开垦的土地更加容易面临水土流失和洪灾的问题。

死亡之舞

1315—1322 年大饥荒

14 世纪初，欧洲遭遇了一场在当时始料未及的灾难——大饥荒，其严重程度堪比《圣经》(《创世记》第41章30节）中著名的7个“荒年”。在许多地方，这场饥荒确实持续了整整7年（1315—1322年）。直到16世纪初史学家仍对它记忆犹新，欧洲现代史上也找不到第二次在时间和空间上能与之相比的饥荒。从大不列颠岛到俄罗斯，从斯堪的纳维亚半岛到地中海，无一不受到这场灾难的波及。

现代研究认为，14世纪初大饥荒可能有以下四个方面的原因：①中世纪盛期温暖期人口增长的压力超出了农业生产的承载力；②收获时节极端天气频发，加之贮藏能力不足造成食物迅速耗尽；③战争和内乱带来的食物分配不均，导致地区性的歉收很容易引起饥荒；④保守主义思维阻碍了农民适应新的环境条件。

在当时的史学家看来，饥荒的起因再清楚不过：从隐喻的角度来看，这是上帝的惩罚；从现实角度来说，这是一系列自然灾害特别是异常天气带来的后果。漫长而寒冷的冬季使得植物生长窗口期缩短，持续降雨影响收成，粮食作物受到的影响尤其严重。法国中世纪学者皮埃尔·亚历山大（Pierre Alexandre）比较了同时期的多份资料后得出结论：1310—1330年欧洲经历了史上最为严酷的十个寒冬。与此同时，14世纪20年代也是过去1000年中雨水最多的一段时间。

从1310年起，欧洲迎来了多个凉爽潮湿的夏季。农业收成虽然不佳，但起码能保障生存。1314年的情况则不同，英国和德国遭遇了夏季暴雨和漫长的寒冬，随后是大大小小的河流涨水决堤。德意志国王“巴伐利亚的路德维希四世（Ludwig IV）”在位时（1314—1347 年）处境极为艰难，他不仅要和伪王、教皇相争，还要与自然气候相抗。1315 年发生了历史上有名的连续降雨：自 4 月中旬从法国开始，5 月 1 日波及荷兰，圣灵降临节时英国也开始下雨，整个夏季中欧地区阴雨连绵。天空乌云密布，不见太阳的踪影，气温异常偏低。根据巴特温茨海姆（Bad Windsheimer）地方编年史记载，人们开始以狗、马为食，书中还用《圣经》中的“末日大洪水”来形容各地大范围的洪灾。

1315—1316 年的冬天格外寒冷，波罗的海封冻数周。1316 年全年又湿又冷，洪水冲毁了多地的磨坊和桥梁，破坏了当时的一些工厂和基础设施。多瑙河在巴伐利亚和奥地利境内分别 3 次涨水漫过河岸，光是流经奥地利施蒂利亚州（Steiermark）的支流穆尔河（Mur）就冲垮了当地 14 座桥梁。1310—1320 年间最冷的冬天出现在 1317—1318 年，从 11 月末一直持续到次年复活节，科隆甚至到 6 月 30 日还在下雪。抛开这些极端天气事件，1318 年夏季总体而言相对温和，但 1319—1322 年又重现了最初三年的灾难性气候。北海沿岸、诺曼底和佛兰德（Flandern）遭遇了骇人的风暴和洪水，陆地上暴雨和干旱交替出现。

毋庸置疑，这一时期的战争令本就不幸的欧洲雪上加霜。继傲慢的菲利普四世（1285—1314 年在位）之后，法国迎来了卡佩王朝的最后三位统治者：路易十世（1314—1316 年在位），腓力五世（1316—1322 年在位）和查理四世（1322—1328 年在位）。巴伐利亚的路德维希四世打败了奥地利伪王弗里德里希（Friedrich）。当然，现在我们已经知道战争并不仅仅是物资匮乏引起的，毕竟老百姓遭受的饥荒比军队更加严重。引起暴乱的主要原因是不满，1315 年瑞士联邦在莫尔加藤（Morgarten）发动独立战争，反抗哈布斯堡王朝的统治。1314 年，苏格兰人在班诺克本（Bannockburn）战役中打败英国，赢得了独立。此后，战火蔓延至爱尔兰，威尔士也掀起了反抗英国统治的斗争。斯堪的纳维亚半岛的挪威、丹麦和瑞典三大王国陷入王朝更替的动乱之中。世界各地烽烟四起，这些战争都被历史学家纳入事故叙述的研究范围——在大饥荒时期资源匮乏的背景下，它们背后是否存在某个共同的原因？

早在 1315 年，一种严重的瘟疫就流行开来，但这还不是著名的“黑死病”。在格尔德兰（Gelderland）、荷兰和神圣罗马帝国，人们称之为“大死亡”，部分地区有三分之一的人因此丧命。在英国、法国、荷兰、斯堪的纳维亚半岛、神圣罗马帝国和波兰的一些城市中，瘟疫致死率极高，甚至引发了安葬方式的改变。通常公墓都在市内，但这一时期死亡人数太多，许多遗体不得不葬到城外。以法国梅斯（Metz）为例，这里的人口最多不超过 2 万，但传言全城死亡人数达到了 50 万，这种夸张也反映了当时人们内心的恐惧。据估计，1316 年死亡率在 5%~10% 左右。我们暂未掌握可靠的数据，不过可以确定的是：1315—1321 年的大饥荒伴随着死亡人数激增，由此导致恐慌蔓延。传言称，英国、波兰以及波罗的海诸国（Baltikum）出现了父母杀死子女、活人分食尸体的惨况。

“死亡的胜利”

瘟疫研究的图像资料之一是意大利比萨公墓（Camposanto von Pisa）的壁画《死亡的胜利》(*Triumph des Todes*)。这是一件托斯卡纳风格的巨幅作品，很容易让人联想到乔万尼·薄伽丘（1313—1375年）所著《十日谈》的序言。一群年轻人在风景宜人的树林中嬉戏歌唱，但画面一转他们鲜活的生命便骤然消逝；天使与魔鬼在山崖上搏斗，正在争夺这些刚刚逝去的人的灵魂，温热的尸体就躺在他们脚下。壁画的另一半描绘了一群兴高采烈的狩猎者遇到三具安放在棺材中的死者，围绕在死者身边的蛇正吐着舌头。在这幅画的周围还有几幅小图，展示了“最后的审判”和地狱等景象。让送葬队伍在去往公墓的路上看到这样的死亡警示，无疑是面对黑死病最强烈的反应，代表了人们对死亡随时可能降临的震惊。

现在我们通过账簿了解到，事实上这幅壁画作于1338年，比意大利爆发黑死病的时间还早10年。人们并不能断定这些死亡是否是瘟疫造成的，相关资料中提到的“死亡并发症”也缺乏依据。并且我们已经知道，许多之前被认为与黑死病相关的主题作品实际上创作时间都比瘟疫爆发早好几年，例如博岑（Bozen）多米尼加教堂（Dominikanerkirche）的《死亡象征》(*Memento Mori*)，描绘了死神坐在奔驰的马背上横扫人群的情形。无论是正面遭遇死神，将死神想象成手持镰刀的收割者形象，还是“瘟疫之箭”的寓言都早已存在。我们当然可以轻描淡写地说：“反正人都是要死的。”但事实并没有这么简单。在西方油画之父乔托·迪·邦多纳（Giotto di Bondone，约1267—1337年）的作品中——例如，创作于1305年的帕多瓦（Padua）阿瑞那礼拜堂（Arena Kapelle）壁画，我们很难看到后辈画家笔下常见的幽深晦暗。比萨公墓壁画的创作者、作品神秘难解的布法马可（Buffalmacco）正是后者的代表。

解开布法马可的画作《死亡的胜利》之谜的关键在于了解一点：14世纪30年代以及40年代初期，某些死亡方式确实十分可怖。通过分析中欧气候史我们可以发现，经过几个气候较好的年份，就在人们以为温暖期即将回归时，14世纪30年代中期一系列天灾再次降临。1335年夏季寒冷多雨，葡萄酒发酸，农业歉收；紧接着，1336年仍然潮湿多雨；1338年，人们遭遇了史诗级的自然灾害：春季大洪水，夏季匈牙利、奥地利、波希米亚和德国图林根、黑森等地蝗虫肆虐，大部分庄稼被毁，直到初雪来临时蝗灾才告一段落；随后冬季暴雪摧毁了许多树木，侥幸躲过蝗灾的葡萄藤也在雪灾中严重受损。1339—1340年，蝗虫卷土重来，只在8月暴雨到来时才有所缓解，但与此同时暴雨又引发了洪水，影响了收成。1341年春天冷得像寒冬腊月，1341—1342年英国的小麦产量严重下滑，以至于政府不得不减免税负。

1342年夏天发生了近1000年来最为严重的环境灾害。7月连续暴雨，河流纷纷涨水，洪流毁坏了雷根斯堡（多瑙河）、班贝克（Bamberg）、维尔茨堡（Würzburg）、法兰克福（美茵河）、德累斯顿（易北河）和埃尔富特（Erfurt）等地的桥梁，在大地上撕开一道道深谷，彻底改变了地貌。许多地方粮食颗粒无收，导致物价飞涨、饥民遍地。1343 年夏天，7—9 月又是漫长的雨季。博登湖三次涨水，淹没了沿岸城市林道（Lindau）和康斯坦茨（Konstanz）；莱茵河洪水摧毁了巴塞尔（Basel）和史特拉斯堡（Straßburg）之间的大量桥梁和建筑；暴雨和洪水严重影响了农业收成。此外，春季风暴造成了巨大的损失，寒冷潮湿的气候也不利于果树开花。1344 年大旱导致歉收，只有喜暖的葡萄长势尚可。意大利暴发饥荒，文艺复兴的中心佛罗伦萨上千人被饿死；城市经济陷入危机，大批企业破产。这就是黑死病暴发之前,《死亡的胜利》创作的时代背景。

1346—1352 年黑死病流行

黑死病是欧洲历史上最严重的灾难之一。短短数年之内，约一半人患病死亡。从数量上看，黑死病的致死率比 20 世纪两次世界大战加起来还要高。部分历史学家认为，黑死病的出现对西方文明的转型具有决定性作用，但此外也有一些不同观点。有人认为第一波黑死病爆发时死亡率可能并不高，许多被认为与源于 1346—1352 年大瘟疫的崇敬形式，例如“鞭身队列”（Geißlerzüge）和描绘“死亡之舞”的画作其实在那之前就已经存在了；另一些则是 15—16 世纪形成的，例如塞巴斯蒂安祭礼（Sebastianskult）和罗克祭礼（Rochuskult）。

黑死病为何会在欧洲肆虐，其原因就在于此前几十年普遍出现的人口减少、抵抗力下降。1315—1322年大饥荒可能是导火索（“所有危机之母”），因为人们幼年时期的饥饿经历可能造成终身免疫力低下。14世纪30年代，恶劣的气候影响到整个北半球。当时蒙古地区动荡不安，蒙古大军向中国境内推进，瘟疫也由此传播开来。中国西部的“万人坑”说明当时黑死病已经传入中国，并沿着丝绸之路继续扩散。欧洲当时的环境为瘟疫传播提供了温床。1346年异常寒冷，直到6月仍不见回暖，9月22日又开始大降温，美茵河、莱茵河和摩泽尔河的葡萄还未成熟就纷纷冻死。1347年降水极多，导致农作物开花和收获都有所延迟。这一年燕麦绝收，葡萄酒无法饮用，一到10月就下起了雪。

这就是黑死病到来时欧洲的情况。瘟疫首先在蒙古人中间蔓延。1346年，克里米亚半岛的小城卡法（Caffa，热那亚的商业殖民地）被蒙古人围困，后者用巨型弹弓将染病的尸体送入卡法城——这便是早期生物战的例证。1347年，黑死病随热那亚船只从卡法传入意大利，1348年扩散到法国马赛以及教皇克雷芒六世（Clemen VI，1292—1352年，1342—1352年在任）所在地阿维尼翁（Avignon），教皇的御医乔里亚克（Guy de Chauliac，卒于1368年）首次从专业角度对黑死病进行了描述。1348年6月，疫病从波尔多通过多个港口传播到英国和法国北部，于8月传入巴黎，同年又传入挪威卑尔根。黑死病输入德国可能是通过陆路或者北海的港口城市，1350年汉堡等沿海城市的病死率达到顶峰。不过，德国南部和波希米亚地区似乎在这场大瘟疫中幸免于难，瑞典和芬兰部分地区、冰岛以及格陵兰岛也同样如此。

然而，意大利的城市却哀鸿遍野。1348年3月，黑死病开始在威尼斯肆虐，一多半居民因此丧命，与佛罗伦萨情况类似。根据真蒂莱·达福利尼奥（Gentile da Foligno）医生的记载，这种病症对患者而言是完全陌生的。可能正是由于这种不熟悉，加上此前人们身体素质普遍下降，这才导致了黑死病在欧洲消失数百年之后卷土重来。根据最新估计，有30%的欧洲居民死于这场瘟疫，各地死亡率在10%~60%不等，欧洲历史上没有任何其他事件的影响能与之相提并论。

经济大繁荣

经济史研究的主要成果之一是形成了长期物价曲线（图3.6）。长期物价曲线以大量本地商品价格为基础，例如，20世纪20年代莫里茨·约翰·埃尔莎（Moritz John Elsas）基于圣灵医院（Heiliggeist-Spitäler）的账簿所绘制的图形。1200年以前属于自然经济向市场经济过渡、易货经济向货币经济过渡的阶段，规范的账目尚未形成，因此这一阶段没有统一的价格体系。物价数据主要参考谷物价格，即人们日常所需的主食价格。中世纪晚期和近代早期，面包是最重要的食物，面包价格波动影响到其他替代食品的价格。从中世纪盛期开始，经济出现了4

次大繁荣，本书只讨论前3次，因为它们遵循相同的机制：面包价格持续上涨。尽管有些令人费解，这一过程被经济史学家称为“价格革命”。这种价格波动的背后并非货币贬值，而是长期需求增加，人口增长超过了粮食生产的增长速度。与中世纪盛期温暖期尾声时类似，16世纪末农业生产达到极限，无法再为穷人提供廉价的食物。

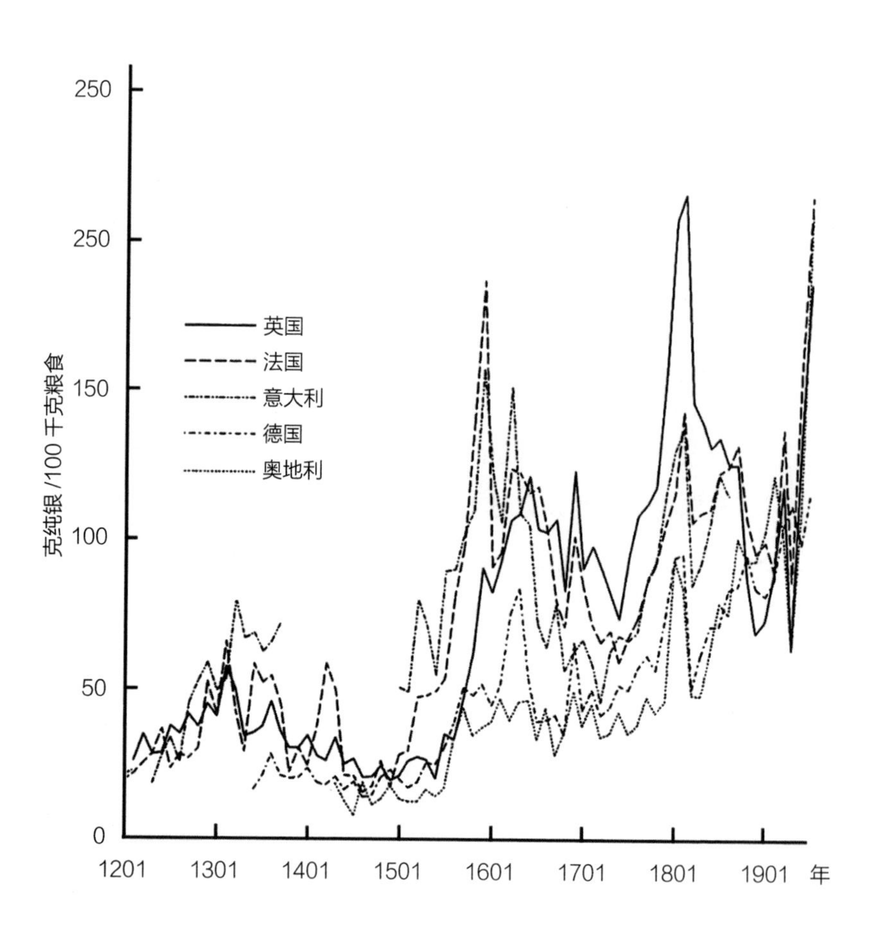

图 3.6　社会大发展：西欧粮食价格，1201—1960 年。

1798 年，英国经济学家托马斯·罗伯特·马尔萨斯（1766—1834 年）在他的著作《人口学原理》中描述了这一现象：人口增长总是比食物供给增长更快，由此引发危机；在疾病和战争的作用下死亡率大幅上升，人口数量骤降。这种危机被称为“马尔萨斯陷阱”，以这位人口经济学奠基人的名字命名。从欧洲粮食价格持续上涨可以看出，工业化以前的欧洲曾 3 次面临马尔萨斯陷阱：1300 年前后，16 世纪下半叶以及 1800 年前后。危机出现的具体时间不仅与社会内部发展进程有关，也受到了气候的影响。

16 世纪中叶，约 1530—1560 年间，温和的气候促进了人口增长。1560 年左右，人口数量几乎恢复到了 1300 年的水平，随后进入气候极为恶劣的小冰期。连续多个极寒的冬季和潮湿的夏季导致农业歉收，物价前所未有地飞涨。经济史学家的曲线图中展示的物价峰值是通过多年平均值计算得出的，具体年份或月份的物价水平实际上可能远高于峰值。15 世纪末到 17 世纪中期，粮食价格翻了数倍。由于人口增长达到极限，出现了所谓的“17 世纪危机”，一系列战争、内乱和革命导致人口开始下降。这正是“马尔萨斯陷阱”的实例。

不过，欧洲社会当时已经发展到一定程度，物资短缺和物价上涨并没有造成普遍返贫，只是引发了社会和政治动荡。总体而言，粮价上涨使得土地所有者和经销商从中获利，例如易北河东岸的大地主和中西欧部分封建贵族。正如伊曼努尔·沃勒斯坦（Immanuel Wallerstein）将依附理论引入欧洲历史研究时所强调的那样，由此带来的是整个社会的变革。当欧洲外围、东欧和西班牙殖民地推行第二农奴制，以促进粮食生产时，处于欧洲世界经济核心的商人阶层政治地位迅速跃升。恰好在欧洲大陆其他国家遭受周期性饥荒的侵扰时，荷兰迎来了属于它的黄金时代，这绝非偶然。包括神圣罗马帝国和意大利在内，各地的粮食所有者与其他民众之间都形成了明显的对立。德国北部威悉（Weser）文艺复兴时期，贵族从持续增长的市场需求中获利，新增的财富令人瞠目结舌。巴伐利亚的农民通过自行买卖粮食过上了富足的生活，有的甚至能够举办比他们的贵族领主更加豪华的婚礼，当地因此颁布了法令，禁止农民的奢侈享乐行为。城市中间阶层则未从粮价上涨的过程中受益：由于工业品价格和工资水平保持稳定，食品价格上涨导致他们的实际购买力降低，生活水平急剧下降。根据“购物篮研究”，16世纪80年代以后一个四口之家要维持合理膳食变得很困难，在此后的数十年内，情况都没有得到改善。

小冰期的死亡危机

近代早期，疫病致死率居高不下。16世纪的国会所在地奥格斯堡（Augsburg）分别在1519—1521年、1533年、1543年、1562年、1572年、1586年、1592年、1602年和1613年暴发了多次瘟疫，但这些危机与1628年和1632—1634年的大瘟疫相比完全不值一提——几乎一半居民在这两次瘟疫中死亡。与此同时，三十年战争使得奥格斯堡的布料失去销路，这个施瓦本的大都会没能恢复元气，从此沦为一座普通的小城。

不久之后，欧洲各个城市相继陷入死亡危机。我们很容易发现，16 世纪下半叶和 17 世纪上半叶的死亡率达到了巅峰。1575—1577 年，意大利的黑死病达到最大规模，首批死亡病例出现在夏季，到了冬季疫情有所缓解，次年 3 月又卷土重来，夏秋两季持续肆虐。这场瘟疫夺走了米兰 1.6 万人的生命，几乎占全城人口的十分之一，改革派主教卡洛·博罗梅奥（Carlo Borromeo）捐资建立了一座医院来专门收治感染者。威尼斯 16 万居民中约有三分之一染病而死，公共生活完全停止，学校停课，繁忙的掘墓人和敛尸女工不得不在腿上绑上小铃铛示警。这是史上最为严重的一次疫情，1348 年以后大大小小的瘟疫共有 26 次之多。当疫情再次消散时，威尼斯城建立起宏伟的安康圣母教堂（Santa Maria della Salute），以表达对圣母的感恩。这座教堂出自著名建筑师安德烈亚·帕拉第奥（Andrea Palladio，1508—1580 年）之手。

死亡率激增并不仅仅是黑死病造成的，伴随瘟疫出现的往往还有其他流行病，导致人们身体素质整体下降。欧洲的典型病症包括斑疹伤寒，也称“大病”或“匈牙利热”，患病的人因疼痛而神志不清；此外还有对幼儿影响较大的牛痘，也称“天花”或“小儿天花”；严重时也有可致命的腹泻病症“赤痢”，以及麻疹、猩红热和流感。其中，流感由于具有突变性，常常被冠以不同的名称，例如“英国汗瘟症”“西班牙抽搐症”“波希米亚羊瘟”“卡他传染病”，有时还伴有咳嗽或百日咳，因此直到启蒙运动时期仍然被视为“新型疾病”。18 世纪，全球流感大暴发时建立了专门的医学研究团体，出版了相关专业杂志，这时人们才具备诊断流感的能力，分别形成了医学（“流行性感冒”，Influenza）和通俗（“流感”，la grippe，Grippe）领域的两种说法。在 1632—1635 年的死亡危机中，德国首先遭遇了歉收和战争引起的饥荒，随后是痢疾和斑疹伤寒大流行，最后才暴发黑死病。

饥荒与疾病的关系

城乡居民饮食质量下降导致抵抗力降低、死亡率上升，这一点在历史文献中仍存在争议。意大利营养学家马西姆·利维巴茨（Massimo Livi-Bacci）认为，历史上并没有哪种疾病是营养不良促成的；相反，营养不良会阻碍病原体生长，从而减少患病的概率。但近来英国的一些文献研究表明，荒年时天花的致死率确实有所上升。根据联合国发布的 20 世纪饥荒报告，肺结核、伤寒和痢疾等感染性疾病通常都是由营养不良引起的。长期以来，关于近代早期饥荒时女性生育能力下降也有许多佐证数据。16 世纪，蛋白质（肉、奶、蛋）摄入减少造成的后果是显而易见的——通过齿科检查以及骨骼残骸，可看出当时的人们体型变得矮小，这是营养不良的标志。16 世纪末期和 17 世纪早期，人们的平均身高是过去 2000 年中最矮的，仅仅相当于 14 世纪初困难时期的水平。同时期的编年史着重提到，饥荒和某种“大病”之间存在关联：“物价上涨了一段时间之后，出现了一种可怕的重病，只要一个人生病就会传染一家人，特别是那些连吃饭都成问题的家庭。”1570 年大饥荒前后，与这些疾病相关的出版物成倍增加。

当我们观察气候恶化带来的结构性变化时，会发现世界各地情况都相似。农业歉收导致疾病发病率和死亡率双双上升，人口数量下降。17 世纪，就连中国的人口增长也陷入停滞状态。西班牙殖民地菲律宾、荷兰殖民地安汶岛以及泰国暹罗都有数据可考，这些地区在 17 世纪早期都出现过饥荒和流行病。1625—1626 年，爪哇岛相当一部分居民死于瘟疫；1655 年，西班牙占领区的人口减少了约三分之一；17 世纪 60 年代中期，印尼和欧洲一样，死亡率急剧上升。这些负面数据最初被认为有误或与战争有关，但多地同时出现类似的情形说明背后的经济或气候因素发挥着广泛的作用。此外，这些受疫情影响的地区当时都已经融入世界贸易体系，它们出口到欧洲的商品，例如胡椒等香料价格急跌也是一方面原因。总体而言，危机并不是国际贸易或宗主国对殖民地的掠夺造成的，而是本地经济和社会方面的原因。

战争的暴力与死亡的惩罚

在他藏于马德里普拉多（Prado）博物馆的作品《死亡的胜利》中，荷兰画家彼得·勃鲁盖尔（Pieter Brueghel，1525—

1569 年）着重描绘了一片林立的绞刑架，这反映了当时的死刑执行得很频繁。近代早期的刑事主管部门发现犯罪率逐渐上升，于是决定用严峻的刑法来应对。当时对罪犯的处罚相当严厉，16 世纪又进一步加大了惩处力度。这一时期的刑具之多可谓空前绝后，整个欧洲处决的犯人不计其数。1600 年前后到欧洲主要城市旅行的人，首先看到的都是城门上挂着的强盗尸体。管理者希望通过这种“恐怖剧场”来震慑那些有犯罪意图的人，营造一种“秩序切不可动摇”的氛围。

史料显示，这一时期暴力活动呈上升趋势，特别是三十年战争造成了大量伤亡，约三分之二的人因此丧命。另一方面我们也必须看到，当时军队规模相对较小，在战斗中死去的人数相比被瘟疫夺去生命的人来说还是很少的。至于被掉队的士兵所劫杀、死于“强行乞讨”或其他暴力犯罪的人数就更少了，哪怕在一些士兵传记中有大量的暴力描写。由于资源匮乏，宗教、社会和政治矛盾都变得异常尖锐，战争、暴力和死刑成了这个时代的特征。不过，虽然战争和暴力是万恶的，但从地方死亡率来看它们在疾病面前都是小巫见大巫。

同时期特别值得关注的是中国的情况——这里沦为了暴力的狂欢之所。17 世纪上半叶，中国处于灾难性气候时期，其程度堪比中世纪早期气候恶劣期。1601 年，西南部气候温和的云南省普降暴雪，此后各地都出现了罕见的极寒天气。虽然寒冷夺走了许多人的性命，但摧毁农业生产的则是寒冷干燥的气候。1618 和 1643 年，中国又陷入了可怕的饥荒，路有饿殍、尸横遍野。饥荒中出现了食人现象和移民潮，各种暴力活动不断，最终李自成领导的农民起义于 1644 年为明朝画上了句号。这种暴力推翻旧王朝的过程多少有点儿讽刺：300 年前，明朝正是在类似的气候危机中推翻了元朝（1271—1368 年），从而得以建立起来的，明太祖朱元璋（1368—1398 年在位）就是当年农民起义的领袖。明朝灭亡后，满族人在血腥的内部混战之后建立起新的王朝，并一直延续到 1911 年。

冬季忧郁症

心理应激反应

奥格斯堡画家巴纳巴斯·霍尔兹曼（Barnabas Holzmann）描述了自己在 1570 年大饥荒时的感受："我一吐气，胆汁就一阵翻涌，胃里泛苦，嘴里总是又甜又酸。在许多个漫长的夜里我很难入睡，常常醒着……"美国社会学家彼特宁民·索罗金（Pitirim Sorokin，1889—1968 年）谈到 20 世纪 20 年代苏联饥荒时指出，这种大规模的灾害会引发心理上的极端反应，人们的思维、感觉和行为都会发生改变，社会组织和文化生活也会受到影响。社会压力会触发心理疾病和抑郁情绪，这一点已经成为社会科学的共识。在造成压力的具体原因当中，就包括小冰期危机时多次出现的一些情况，例如意外患病，幼儿夭折或伴侣去世，家庭矛盾，失业，无家可归，性需求得不到满足，孤独，无法生育，身体暴力，成为犯罪行为的受害者，房屋被大火、洪水或其他事故毁坏以及破产等。

季节性情绪失调

英国圣公会主教罗伯特·伯顿（Robert Burton，1577—1640年）在《忧郁的解剖》（*Anatomy of Melancholy*）一书中提出，天气持续阴沉、乌云蔽日是造成人们情绪低落的原因之一，而一部分人比其他人更容易受此影响。虽然大不列颠岛的居民本就不常见到太阳——这里冬天太阳很早就下山了，但这种影响仍然存在。当人们被下半年晦暗的天气引发的抑郁所困扰时，只有一个方法可以与之对抗：在9月时逃离大不列颠岛，去往意大利度假，并至少在那儿待上半年。小冰期时，这种新发现的心理学病症“冬季忧郁症”十分普遍。

小冰期冬季漫长、夏季多雨，太阳常被厚厚的云层遮住，确实很容易引发“冬季忧郁症”。后来，这种抑郁情绪也被称为季节性情绪失调（Seasonal Affective Disorder，SAD）。它通常指由于光照不足引起的情绪过分低落和自杀率上升，严重时还会出现睡眠问题、嗜睡、饮食失调、抑郁、社交障碍、恐惧、性欲减退以及情绪剧烈波动等。大部分患者同时伴有免疫力下降，容易感染或患其他疾病。程度较轻时一般不会出现恐惧和抑郁，但仍有轻微的易疲劳、睡眠障碍和饮食障碍问题。

即使是普通的冬季，敏感人群也会出现上述反应，那在小冰期“长冬无夏”的年份，情况又如何呢？我们只能推测，小冰期时人们的心因性反应和现在一样。证据之一是，1784 年冰岛拉基火山爆发后，许多北欧居民由于太阳被颗粒物遮蔽而情绪低落。“明”与“暗”在欧洲文化（以及许多其他文化）中具有象征意义，人们通常认为“光”与积极的事物相关，“暗”与邪恶相关。单是考虑到这一点，就没人能因为天色越来越暗而欢呼雀跃。并且当时人工照明方式也十分有限，在那时还没有现代常用于治疗“冬季忧郁症”的日光灯，只能用松脂油和蜡烛代替。当然，小冰期令人抑郁的因素还有很多，比如伴随恶劣天气出现的歉收、牲畜死亡和流行病，一场天花就夺走了三分之一的人的生命。此外，酸雨也影响了植物生长。

绝望和自杀

宗教压力和暴力氛围、反复爆发的农业危机、全国难民潮、街上因饥饿而水肿的儿童、令医生束手无策的非自然疾病以及社会矛盾和战争都会引发民众的心理危机。对于当时的人们而言，内心的不快会引起忧虑，就像针对忧郁、绝望和悲伤的安慰文学所描绘的那样。米歇尔·德·蒙田（Michel de Montaigne，1533—1592 年）发表的第二篇作品就是《论悲伤》（*Über die Traurigkeit*），因为 16 世纪 70 年代“整个世界似乎约好了，都下定决心充分尊重自己的感受”。饥荒过后，不仅安慰文学开始繁荣，连一般的悲伤情绪都被严厉谴责为“忧郁的恶魔”。丹尼尔·沙勒（Daniel Schaller）充满共情地描述了“地球居民的悲伤之情”：“人们几乎失去了全部勇气，他们心中充盈着恐惧和痛苦，看上去如同行尸走肉或者一片影子；他们低垂着头，仿佛想要用自己的血肉之躯在地面爬行，他们似乎宁可死去而不是活着。”

关于危机中的自杀人数虽然没有确切的数字，但肯定相当多。自杀虽然并非我们关注的内容，但由此引起的关于安葬形式的争议值得关注。虽然除了死者本人外并没有其他人受伤，按照犯罪行为的分类来看，这仍然是某种形式的“谋杀”（“自我谋杀”）。既然是谋杀就绝非私事，而是对神圣秩序的破坏。人们担心如果尸体没有妥善处理，可能会触怒上帝，甚至招致气候灾害，使得本就频频出现的歉收雪上加霜。“为了保护收成、牲畜和劳动力，必须让自杀者远离生者的居所和其他死者的墓地。”大卫·莱德勒（David Lederer）发现，当时的一些评判因果倒置。气候引起的抑郁可能导致自杀率上升，但人们普遍认为：“是自杀带来了坏天气。”

忧郁是这一时期的流行病。法国和西班牙的艺术家、学者和贵族都自称为此所困，瓦卢瓦（Valois）王朝和哈布斯堡王朝也因此沦陷。在英国，这种抑郁情绪在伊丽莎白一世（1533—1603年，1558—1603年在位）统治期间达到最高点，因此被称为“伊丽莎白病”。随着抑郁症变得越来越普遍，出现了专门收治精神疾病患者的机构。抑郁症对整个社会产生了深刻的影响，英国清教徒尼西米·沃林顿（Drechslers Nehemiah Wallington，1598—1658年）在他的自传式笔记中写道：“新教伦理强调自省，有时这会加剧人们的抑郁情绪，因为基于外部的种种迹象，人们对自身的罪已经深信不疑。”

“忧郁星球”下的世界

这一时期欧洲的头号贵族、神圣罗马帝国皇帝鲁道夫二世（1552—1612 年，1576—1612 年在位）是一位忧郁、神秘

图 3.7　对贫瘠时代的回应：鲁道夫二世命宫廷画师朱塞佩·阿尔钦博托（Giuseppe Arcimboldo）将自己描绘成罗马掌管四季变化、庭园和果树之神威耳廷努斯（Vertumnus），约 1591 年。

且神经质的人，他本身就是这个时代的象征（图 3.7）。同时期一些好心的人，比如驻西班牙大使汉斯·赫文胡勒（Hans Khevenhüller）伯爵记录下了鲁道夫皇帝这种特别的情绪，发现皇帝出生时处于“忧郁星球”的掌管之下。菲利克斯·斯蒂夫（Felix Stieve）指出，这与容易致病的生活环境有关：“皇帝的私生活十分混乱，与宗教观念日益背道而驰。这种宗教观念自他青年时就已铭记在心，至今依然在支配着他。因此，他越是放荡不羁，就越发被心中的忏悔和对神的责任所折磨，时时惊惧不安。”

鲁道夫皇帝的抑郁可能是出于恐惧，时至今日我们仍然能够理解他的这种感受。他害怕黑死病，好几次为了躲避瘟疫被迫逃到乡下；害怕被人下毒——这在当时相当普遍；害怕权臣还有他那两位醉心权力的兄弟恩斯特（Ernst）和马蒂亚斯（Matthias）密谋篡位——事实上在他去世前不久，恩斯特和马蒂亚斯确实夺走了他的王位。至于其他方面的恐惧则显得有些荒谬，例如害怕自己被法术所迷，尤其是嘉布遣会（Kapuziner）和耶稣会的“法术”；还有害怕遭到良心的谴责——主要是因为他太过迷恋卡塔琳娜·斯特拉达（Katharina Strada）而内心不安。后者是宫廷图书管理员雅各布·斯特拉达（Jacopo Strada）的女儿，皇帝与她保持密切的性关系，并育有多个私生子。

贵族患有抑郁症可能形成极高的政治风险，因为他们的病症可能会妨碍决策、影响政府运转或导致无法生育而引发政治危机。缺乏合法继承人往往会给王朝的延续带来危机，甚至触发王位争夺战。法国国王亨利三世（1551—1589 年，1574—1589 年在位）没有子嗣引发了新一轮宗教战争；鲁道夫二世也因为没有合法继承人导致波希米亚火药桶被点燃，触发了第一场战事；统领于利希-克莱沃的约翰·威廉（Johann Wilhelm von Jülich-Kleve，1562—1609 年）公爵患有抑郁症且没有子嗣，整个欧洲险些因此燃起战火，碰巧亨利四世（1553—1610 年，1589—1610 年在位）被杀才得以阻止这场大战。于利希-克莱沃公国的王位继承之战最后演变为一场地域冲突，后人将其视为三十年战争的序幕。

埃里克·米德尔福特（Erik Midelfort）总结道，触发三十年战争的导火索之一确实是当时掌权者的精神障碍。但这与小冰期对人心理的影响不无关系。如果说巫术是小冰期的典型犯罪，那抑郁症就是当时的典型疾病。虽然当时人们都熟知亚里士多德的名言："艺术和政治的任何伟大成就都离不开忧郁"，但医学上仍然将抑郁症归入重度身体疾病的行列，认为它是病人的体液失衡造成的。当时在大学中占据主流的盖伦医学体系认为，患抑郁症是由于病人体内黑色胆汁（"忧郁体液"）过多，血液（"乐观体液"）、黏液（"冷漠体液"）和黄色胆汁（"暴躁体液"）不足。体液的混合比例决定了人的脾性（"气色"）、健康状况、所从事的活动以及世界观。

黑色胆汁被认为与有害健康的寒冷天气有关，抑郁则是秋季干冷多风的气候引起的——秋季是被伤感淹没的季节。黑色胆汁过多可能造成恐惧、幻觉、易怒、冷漠和极度悲伤，特别是悲伤情绪会让人难以抵挡“魔鬼的诱惑”，按照当时的说法，尤其是柔弱的女性易受诱惑。魔鬼向穷人和孤独的人许诺给他们财富、满足他们的欲望，必要时还会帮他们复仇；对应的代价就是与魔鬼订立契约，这种行为被称为“巫术”。于利希-克莱沃公爵的御医约翰·维耶（Johann Weyer，1515—1588 年）认为，要消除恶魔的毒害可以把它作为生理疾病进行治疗。他的观点相当激进，他强调：不止贵族会患上忧郁症，隔壁满脸皱纹的老妇人也一样。“我毫不怀疑，现在在她的心灵中，魔鬼已经使她混淆了想象与各种嘲弄、幻觉。魔鬼欺骗和愚弄她，以至于她自己也认为这些事情确实发生过。另外，我也毫不怀疑她从未拥有过任何强大的力量。在这一点上，她与其他被忧郁症纠缠的人一样，受到了魔鬼的压迫，并且相信他们自己实际上变成了一条狗或一匹狼。”不难看出，这段时期生活的窘迫与宗教的困境相互交织，不仅在表面上引发了社会矛盾，也在更深层次上困扰着人们的心灵。

第4章

小冰期的文化后果

愤怒的上帝

1560年12月28日早晨5点45分，晨间弥撒的钟声响起，一束光照在了中欧大地上。刚开始是白色的光，然后渐渐呈现红色，最后变成了“鲜血的颜色”。已经起床的人纷纷叫醒还在睡梦中的邻居，一场大讨论由此展开。许多人称，看到北方出现大火的反射，火势极大，仿佛吞没了整片土地。好些地方拉响了暴风警报，危险似乎近在咫尺。苏黎世的消防队长跨上马冲出门，只见:“其他地方也出现了耀眼的光芒；最后人们一个个地回到家，心中认为那光并非燃烧所致，而是上帝发出的一个信号，告诫大家要过更好的生活。明斯特塔楼（Münsterthurm）的守塔人阿尔布莱希特（Albrecht Küng）告诉我，……他从未见过天空中出现这样血红的信号。仁慈的主希望赐予我们所有人以仁慈，好让我们在这束令人敬畏的光芒出现之后，在他的称赞与荣耀中，为了我们自己的利益而完善自身。阿门。”

和暴雪、山崩、洪水以及由此引发的农业歉收、物价上涨还有疾病暴发一样，近代早期出现的极光也被视为神迹，代表即将到来的世界末日或神的惩罚。在苏黎世剪报爱好者维克（Wick）看来，“毫无疑问，天空中燃烧的迹象预示着上帝最后的审判到来。在最后审判日，所有的一切都将被高温熔化，世界将被烈火清除干净。”既然世界末日和神的惩罚近在眼前，对于当时的人们来说，接二连三的灾难性事件也就不那么令人惊讶了，甚至还有了一定的合理性（图 4.1）。“在火红的天空出现之后，从 1 月到 8 月中旬是持续的寒潮。夏季发生了人们从未见过的可怕冰雹与风暴，仁慈的主希望我们再次得到应有的惩罚。后来又出现了严重的瘟疫，奥地利维也纳有许多人因此

Vber die groſſen vnd
erſchrecklichen Zeichen am Hi-
mel vnd auff Erden/ſo in
kurtzer zeit geſche-
hen ſind.

Ein Epigramma.

图 4.1　当自然被解读成一种直接反映神之愤怒的指示系统时，气候现象就不再是孤立的了（一份 1562 年的传单首页）。

死去。1562 年，瘟疫蔓延到纽伦堡等地。”法国第一次宗教战争的导火索瓦西大屠杀在人们看来就和末日景象别无二致，而且大屠杀之后又出现了农业歉收和流行病。

通常认为，此后一段时间神学出版物的繁荣与反宗教改革时期教派之间的矛盾激化有关。路德教建立之后，加尔文教派和后特伦托天主教进入人们的视野，两种新的信仰派别形成了对立。但是，他们那些充满争议的教义能够满足当时人们的精神需求，关键还是由于小冰期的种种困境。当我们看到小冰期的动荡不仅仅存在于宗教领域时，各个教派的成功就更加容易理解了。牧师布道辞和灵修书籍中经常以自然现象和日常生活中的灾祸作为例证，天气现象成为神学思考的引子，因为人们非常关注各种气候事件。这一时期的灵修书籍发展出了一套独特的机制，专门安慰那些突然失去亲人或者自己患有疾病而沮丧、绝望的人。各个教派必须想办法帮助信徒对抗这些痛苦。曼弗雷德·雅库博夫斯基–蒂森（Manfred Jakubowski–Tiessen）认为，耶稣受难日之所以成为路德教最重要的节日，并不是路德（Luther）释经的结果，更多的是由于 16 世纪下半叶路德教需要一个新的载体来帮助信徒对抗巨大的痛苦，因为过去那些痛苦的化身——悲伤的圣母、殉道的圣徒这时已经无法利用了。

无处不在的死亡促进了“死亡艺术”的再次繁荣。这一概念通常与中世纪黑死病爆发相关，事实上 1600 年前后那坎坷的数十年才是它的巅峰时期。从 16 世纪 60 年代出版业巨头乔治·威勒（Georg Willer，1514—1593 年）的第一届书展目录中可以看出这一主题的地位，各个教派的德语作家都开始出版相关作品。中世纪晚期著名的意象《死亡之舞》又一次迎来了繁荣，围绕这一主题既有新的创作出现，也有原作的再版。象征着尘世倏忽即逝的那些符号：骷髅、头骨以及手持弓弩埋伏着的死神频繁出现在族谱、葬礼布道、硬币、铜版画和油画中。比如，17 世纪瓦尼塔斯（Vanitas）意象就在新教徒安德烈亚斯·格里菲乌斯（Andreas Gryphius，1616—1664 年）的诗歌中反复出现。

打击罪恶的行动主义

这一时期有不少人感觉到，他们身边的困苦、争端和犯罪比以往多得多。用宗教的语言形容就是：史无前例的罪。人的罪会引起上帝的愤怒。除了实际的恶行，宗教也关注人们在道德上的过失。在它的推波助澜之下，当时的社会氛围对性方面的逾越行为越来越关注，因为各种婚前和婚外性行为被认为会严重触怒神明。此外，与魔鬼通奸、兽奸、乱伦、施暴、强奸等重大罪行出现的频率也远高于以往。我们当然可以猜测，愈演愈烈的只是一些“捏造的”罪行，对违背道德和法律的行为给予普遍关注是过于警惕了。但犯罪研究的结果却显示，同时期抢劫、谋杀等侵犯他人财产和暴力的犯罪也有所增加。如果当时的记录可信的话，16—17 世纪偷窃犯罪的高峰刚好与气候危机年份相吻合，不仅案件数量增加，惩处的罪犯人数也极多。政府对犯罪行为施以残酷的刑罚，此举得到了人们的一致支持。

1600 年前后，社会对规范和秩序的需求日益增加，由此催生了“立法潮”。1570 年，政府为了应对饥荒，顺应人民的要求惩处“投机买主”和放高利贷者，认为这些人哄抬粮价。从市场经济的角度来说，他们的行为无可厚非，但在当时看来，这不仅“自私自利”，而且还是一种罪过，甚至会影响政治稳定。另一个常见的罪名是“渎神”，人们认为对神明不敬的言行必定会引起神的极端愤怒。从这些控诉中，我们可以看到宗教的影子，它看似是某种忏悔，实际上更多的是一种非宗派主义的“罪恶经济学”——无论谢肉节还是粮食出口，巫术还是高利贷，跳舞还是玩纸牌，这种种罪行无一不是对神的荣耀的玷污。

在基督教神学家看来，性与罪密切相关，将性从公共生活中剥离开来是近代早期政府施政的首要目标。把“节制”作为一种美德来推行是一项长期目标，但 16 世纪下半叶以来人们积极奉行这一原则，试图在全国严格贯彻一整套教会戒律，简直达到了前所未有的程度。天主教则致力于敦促神职人员与他们的情人断绝关系，并保持终身不娶。除通奸以外，受到严厉谴责的还有婚前性行为——在许多地区这是男女确立关系的一种普遍方式，比如穿窗入室幽会情人。此外，嫖妓也是应当被禁绝的婚外性行为之一。各个城市相继关闭妓院，通常连相关的场所也一并拆除，例如 1594 年帝国城市科隆所采取的做法。无论是反宗教改革的巴伐利亚还是加尔文派的苏格兰，都在强势推行风俗改革。

这些含有宗教动因的活动给内政和外交都带来了危险。根据当时的记载，当卫道士们掌握主动权时，巫术迫害和风俗改革运动往往同步进行。被社会学家霍华德·S. 贝克尔（Howard S. Becker）称为“讨伐改革者”的十字军“站在道德制高点上，目之所及都是十足的罪恶，为消除这些罪恶可以动用一切手段。他们充满激情、心怀正义，往往自视甚高。这些改革者被称为十字军战士，是因为在他们心目中自己肩负着神圣的使命”。这种观点当时就遭到了质疑，蒙田曾写道：“住在我隔壁那些女巫，每当有作家想要证实她们幻觉中的那些内容时，她们就会有生命危险。”与宗教狂热分子的对话也绝不是一件愉快的事：“我当然注意到，人们对我的观点感到很愤怒——在极端酷刑的威胁之下，他们不容许我质疑巫师和巫术的存在。这真是一种说服别人的全新方式！”

气候危机出现时社会危机也会出现，这并不让人惊讶。但通常我们需要进一步理解的是，广义的社会矛盾会以世界观和文化冲突的形式表现出来。资源稀缺引发社会和宗教动荡形成了自己的一套机制，农业歉收是所有暴动和叛乱的大背景，包括下层百姓的起义，因为荒年时税赋和兵役负担就显得格外沉重。此外还有狭义的“替罪羊反应”，即出现针对特定人群的暴力行为或者人们干脆捏造出一个抽象的敌人形象。

犹太人大屠杀

犹太人自古以来就生活在罗马帝国的欧罗巴行省，基督教成为罗马国教之后，较为宽容的信仰环境赋予了他们特殊的地位。无论是拜占庭的东罗马帝国还是拉丁欧洲，都承认犹太人的法律地位，从加洛林时期开始他们便处于帝国的保护之下。卡佩王朝早期以及奥托尼亚王朝和萨利安王朝时期，虽然基督教出现了反犹主义倾向，但总体上仍然相安无事。1096 年第一次十字军东征时，犹太人失去了王国的庇护，因为这些十字军认为，消灭“信仰的敌人”要从本国开始。随后，鲁昂、梅斯（Metz）、美因茨、沃尔姆斯（Worms）、科隆和布拉格等存在大型犹太人社区的城市爆发了第一次大屠杀。1146 年第二次十字军东征时在法国，以及 1189 到 1190 年第三次十字军东征时在英国都发生了类似的大屠杀。这种反犹活动的历史在此不再赘述，需要探讨的是，犹太人究竟为中世纪暖期尾声恶劣气候所造成的后果承担了多少罪名。

气候恶化时，西欧的反犹倾向正发展到关键阶段。多米尼加修会大肆鼓动对渎神和人祭行为的控告。1290 年犹太人被“永久”驱逐出英国，直到 17 世纪英国资产阶级革命之后才被允许再次踏上这片土地。16 年后，法国国王腓力四世（1268—1314，1285—1314 年在位）效仿英国的做法开始驱逐犹太人。1306 年，法国的犹太人获得了神圣罗马帝国奥地利公国大公阿尔布雷希特一世（Albrecht Ⅰ，1255—1308，1298—1308 年在位）的保护，他们纷纷逃到帝国的法语区萨伏依、多菲内（Dauphiné）和勃艮第自由郡（弗朗什–孔泰，Franche Comté）等地避难。1316 年，继任的法国国王废除了驱逐令，但犹太人并没有立即返回，因为1314—1315年降水偏多，导致法国开始出现农业歉收、物价上涨、饥荒和大规模死亡等问题。

经历了几个艰难的年头之后，法国北部的居民大量涌向南方，他们相信迁徙之后生活能得到改善。多米尼加修士也加入了这场所谓的“田园远征”，这使得迁徙的人群感受到如同十字军东征一般的氛围。迁徙队伍常常洗劫沿途居民，其中犹太人首当其冲。许多城市都爆发了流血冲突。根据犹太人的史料记载，仅1320—1321年就有140余个犹太人社区遭到破坏。迁徙人群到达比利牛斯山一带后逐渐分散，但强烈的反犹倾向却并未消散。阿基坦有传言称，犹太人密谋在井水中投毒，散播麻风病。人们指控犹太人与格拉纳达（Granada）、突尼斯等伊斯兰王国的君主以及“巴比伦的苏丹”相勾结，意图消灭所有基督徒。这样一来，外部威胁（伊斯兰教）、异教少数派（犹太人）和致死疾病（麻风病）第一次交织在一起。

据我们所知，1320—1321年犹太人大屠杀时根本没有发生瘟疫。黑死病大流行时，斗争的矛头便转向了犹太人——他们被贴上“元凶”的标签，而非单纯的疾病传播者。有传言称，他们亲手将小包毒药投入水井，想要毒害基督徒。这种阴谋论引发了普遍恐慌，以至于连那些已经改信基督教的犹太人也受到了牵连。人们在基督徒中搜寻犹太人的同谋，乞丐、麻风病人和僧侣都遭到了暴力对待。同时，针对犹太人的系统性屠杀也拉开了序幕。1348年4月，法国南部土伦（Toulon）发生了一系列谋杀犹太人事件，随后扩散到多菲内、萨伏依、法国北部、西班牙、瑞士联邦、神圣罗马帝国的德语区、荷兰、波希米亚和波兰。之前我们以为，黑死病爆发后，鞭笞派在城市中游行，鼓动屠杀犹太人。但从斯特拉斯堡、康斯坦茨和埃尔富特（Erfurt）等城市复原的典型场景来看，情况恰恰相反——民众先是谋杀犹太人，希望以此摆脱瘟疫，而在此之后鞭笞派游行兴起，黑死病到来。

弗雷德里克·巴腾伯格（Friedrich Battenberg）指出，“到13世纪末，中世纪盛期有利的经济环境为犹太人聚居区的发展提供了相对友好的条件。”随着14世纪早期生存环境恶化，人们需要找到替罪羊。14世纪40年代黑死病的爆发开启了遍布欧洲的大屠杀，犹太民族就此从城市中消失。人们将许多问题归咎于犹太人，但天气显然不在此列，没有人认为犹太人与冰雹、干旱或寒潮有任何联系。关于15世纪针对犹太人的大屠杀活动为何减少直至消失，相关史料中提到了诸多原因。犹太人在英国和法国遭到谋杀和驱逐，1492年西班牙征服伊比利亚半岛最后一个伊斯兰小国之后也效仿这种做法，要求穆斯林和犹太人改信基督教，否则就将其驱逐出境。在奥斯曼帝国的庇护下，许多犹太人坐上了去往意大利或荷兰的航船。在神圣罗马帝国范围内，犹太人纷纷迁居偏僻的乡村，变得不那么显眼。这一时期还有一些驱逐犹太人的事件出现，但与14世纪相比已经没有那么血腥。德国的犹太人大屠杀也告一段落，不少犹太人社区保留了下来，原因可能在于犹太人并未被当作小冰期的替罪羊。

小冰期的巫术之罪

英国历史学家诺曼·科恩（Norman Cohn）首次发现，15世纪以后女巫取代犹太人成为新的替罪羊。巫术被视为小冰期的典型罪行，因为人们认为巫师对气候恶化、农业歉收、不孕不育等负有直接责任，当然还包括危机时期常常出现的“非自然”疾病（图 4.2）。“巫术罪”作为一种社会编造的罪名，其兴起与 14 世纪小冰期的发展在时间上相吻合。中欧地区猎巫活动达到高潮时也正值小冰期气候最为恶劣的阶段，即 1600 年前后。小冰期结束后，关于异象和灾害有了更为清晰的解释，这一罪名便自动从律法中消失了。

图 4.2　人为引起的气候变化：欧洲民间传说认为极端气候都是人为控制的，1486 年的这幅木刻版画展示了一名女巫散布冰雹的情形。

关于欧洲迫害女巫的历史已经有许多著作都做过介绍，具体细节读者可以从相关资料中了解到。我们这里提到的巫术不仅仅指魔法，而是一些实施“恐怖恶行”的新伎俩，一些即使强加到犹太人身上也无法令人信服的行为。出现这些“新型犯罪”的地方，恰恰就是大饥荒和黑死病流行过后大肆屠杀犹太人的地方。关于巫术罪的说法甚至看似合理地沿用了过去的一些概念：巫师举行集会的日子被称为Sabbat，即犹太教的安息日；萨伏伊、多菲内和瑞士西部地区将巫师的集会称为Synagoge（原义指“犹太教堂”），这两个概念进一步融合成为Hexensabbat（“女巫安息日集会”）。听到这个词，人们完全不会想到它和黑死病大流行时期的迫害犹太人有何关联。最早人们借用一些地域性概念来描述这种“新型犯罪”，例如瑞士西南部地区所使用的“妖术”（hexereye）一词，在大部分德语区成为巫术罪的代名词。除了害人的法术，巫术还包括一些极其荒唐的元素，例如与魔鬼订立契约、与魔鬼交媾、腾空飞行前往“女巫安息日集会”，以及变换动物形态的能力等。

这一时期所说的“巫师”全然不是妙手回春的“智慧女性”或魔法师的形象。人们相信，巫师具有民间传说中那些女妖的超能力：她们可以通过小小的缝隙或者钥匙孔登堂入室，潜入地窖把酒喝个精光，丝毫不让人察觉；她们会吞吃掉动物，然后再变出一个一模一样的来；她们还能让人坠入爱河、找回失物、治愈伤病。但所有这些在《克里斯蒂安娜》（*Interpretatio christiana*）中都只是骗局，因为女巫与魔鬼订立了契约并保持肉体关系。她们最主要的任务在于作恶，实际上她们会伤害动物，把葡萄酒变酸，带来疾病和纷争，还会杀死儿童再把他们吃掉——这又是一项关于人祭的指控。她们令男人和女人失去生育能力，令牲畜无法繁殖，令田地颗粒无收。

这样一来，处于小冰期的人们所面临的最重要的一些问题都集中起来：不孕不育、畜瘟、连年失收、不知名的疾病，以及牛不产奶、儿童突然死亡、长期霜冻、持续降雨或者夏季冰雹，所有这些可怕的灾难总归要找出元凶。对于当时大部分欧洲人来说，相信这些灾害是偶然的还是一件无法想象的事情。为了给这些灾难一个解释，巫师正是人们所需要的那个替罪羊。

女巫的问题在于，她们的活动是秘密进行的，没人能证明其罪责。因此，刑讯是审判巫师的重要环节。与强盗和海盗的行事方式不同，欧洲国家不允许随意用刑。根据大学里教授的罗马法，只有在特定条件下可以刑讯，即必须存在具体的犯罪嫌疑、犯罪证据并取得对嫌犯名誉的一致认定。在不使用罗马法的国家，例如英国就不允许使用刑讯手段。无论在哪种情形下，事实上，要让“巫师”认罪只能违反法律规定，严刑逼供、屈打成招或者妇女自愿供认。

迫害巫师的时代

鉴于一直以来欧洲有许多人反对迫害巫师，法律对处死令人憎恶之人也设置了很高的门槛，总体而言，被处以火刑的巫师应该远远没有我们认为的多。部分资料提到的数字在 900 万以上，这相对于当时的人口总数来说无异于天文数字。事实上，在迫害巫师活动中死亡的人数应该在 5 万左右。15 世纪，审判巫师还没有得到广泛认可，因此支持这类活动的人士必须承受很大的压力。《女巫之锤》（*Hexenhammer*）的作者、宗教裁判所审讯官海因里希·克拉姆（Heinrich Kramer）便是由于违规审判而被驱逐出蒂罗尔。在意大利北部，科莫教区（Diözese Como）的迫害行动引发了激烈的讨论，圣方济会修士和法学家对于程序是否违法态度都很明确。1520—1560 年间，被处决的巫师很少。之前我们认为这是宗教改革产生的积极作用，但令人疑惑的是，马丁·路德、乌尔里希·茨温利（Ulrich Zwingli）和约翰·加尔文都是迫害巫师活动的支持者，他们的主要活动地点维滕堡、苏黎世和日内瓦也正是此前迫害巫师的代表性城市。在气候史研究中值得注意的是，虽然 16 世纪 20 年代宗教改革和农民战争是主要问题，但 1530 年以后气候十分温和，已经没有必要继续把巫师作为替罪羊。1560 年以后情况又变得很突出，因为此时进入小冰期气候最为恶劣的年份，所有与巫师沾边的灾难都变得更加突出。1560—1660 年是迫害巫师活动的高潮。

1561 年极寒（图 4.3）、1562 年夏季风暴以及随后的歉收和瘟疫过后，大范围的迫害巫师活动开始了。与此同时，一场关于恶劣天气、歉收和瘟疫起因的大讨论随之展开。最初，新教牧师托马斯·纳奥格斯（Thomas Naogeorgus）在布道时提出，巫师应对这些灾害负责，他的言论很快就被印制成文字传播开

图 4.3　媒体资料中描绘的小冰期鼎盛期开端：1561 年 7 月 6 日可怕的冰雹，以及其他恶劣天气和风暴等。图片出自约翰 · 雅各布 · 威克（Johann Jakob Wick）收集的新闻剪报。

来。符腾堡的两位牧师对此作出回应：按照宗教改革家雅各布 · 布伦茨（Jacob Brenz，1499—1570 年）的论述，严格来说只有上帝本身才能对气候负责，与巫师无关。不过，布伦茨同时也认为，巫师仍然应当被处死。对此，约翰 · 韦耶（Johann Weyer）进行了有计划地回应，他谴责新教徒不人道，因为他们意图以莫须有的罪名处死别人。1563 年，韦耶在他最重要的著作中公开反对迫害巫师，认为巫术罪根本不存在，只不过是一种骇人的幻象。

在大规模迫害活动开始时，驳斥这种替罪羊反应的最关键论据就已经出现。被处死的人数相对较少，说明许多城市和邦国都接受了这一观点。甚至有观点认为，英国、法国、神圣罗马帝国的巴伐利亚、奥地利、萨克森公国以及勃兰登堡选区等一些机制完善的国家和地区并未批准大规模迫害巫师，因为总有某个主管部门提出反对意见。这里所指的“机制”包括教会、国家行政机构、地方政府、大学、地方长官、议会、王室、贵族以及天主教国家的主要修道院或修会。迫害巫师的浪潮并非由教会或国家推动，而是来自“下层”。

正因为如此，小冰期和迫害巫师之间存在着密切的联系。16 世纪 60 年代初期的寒潮、1570 年的饥荒以及 16 世纪 80 年代的持续歉收之后，大屠杀一触即发（图 4.4）。农民想要“斩草除根”，消灭罪人。猎巫行动承载着人们对“千禧年”[1]的期盼：这样做应该可以使收成变好、葡萄酒变美味，儿童和牲畜也不会再死于不知名的疫病。特里尔（Trier）教士约翰·林登（Johann Linden）在编年史中明确写道：“约翰七世（Johann Ⅶ，1581—1599 年在任）担任舍嫩贝格（Schönenberg）采邑主教时，粮食连年歉收，17 年里仅有 2 年产粮，当地居民纷纷要求除掉他。当阳光灿烂的天气再次出现，自然环境回归正常时，许多人都认为是猎巫行动起了作用。”

然而，16 世纪最后十年至 17 世纪初期，气候再次变得寒

① 某些基督教教派信仰“千禧年主义”，相信将来会有一个黄金时代。到时，全球和平来临，地球将变为天堂，人类将繁荣，大一统时代来临以及“基督统治世界”。——译者注

图 4.4　小冰期典型的“替罪羊反应”：1587 年 6 月 10 日，瓦尔德堡-采尔（Waldburg-Zeil）的诸位侯爵烧死了一大批所谓“巫师”。这种司法处决在当时就饱受争议，因为虽然烧死了许多女巫，气候并没有明显好转。

冷，小冰期进入极为恶劣的阶段。欧洲的迫害巫师活动也达到顶峰，这次的重灾区是弗兰肯和莱茵地区。1626 年 5 月底，严重的霜冻影响了水果收获，葡萄藤全部冻死。随后几年，班贝克（Bamberg）、维尔茨堡和阿沙芬堡（Aschaffenburg）烧死了数千名女巫，其中不仅有底层妇女，还有议员及其家人、时任市长，甚至个别贵族和神学家。之所以会出现这样的情形，是因为相关法律被弃之不顾，“对付非常犯罪需用非常手段”。在证据不足的情况下实施拘捕、刑讯和审判在这些贫瘠的地区成为家常便饭。一些困苦的小邦国由于缺乏有效的机制，非法程序没有遭遇任何阻碍，这不仅在当时饱受诟病，时至今日仍然被视为典型的冤案。

罪恶经济学成为改变的动力

与《圣经》的内核一致，各个教派的神学家都认为，近代早期的极端天气、冰雹、洪水、歉收、瘟疫、物价上涨和饥荒是上帝对人类罪行的惩罚。各种灾害，包括巫师的活动，都是人类自身的过失招致的恶果。这其中包含着一种“罪恶经济学”，即试图将传统的“上帝惩罚人类之罪”转化成某种现实的量化计算——罪行越大，惩罚越重。无论是慕尼黑还是苏黎世、德累斯顿还是日内瓦，从平民到神学家，哪怕是苏黎世归正会领袖海因里希·布林格（Heinrich Bullinger）都隶属于同一个“共有罪恶账户”，只有接受惩罚才能平衡其收支。这种惩罚不仅针对个体，而且面向整个群体或整个社会。

“罪恶经济学”补充了链接自然与文化的关键一环，那就是为气象事件赋予社会学意义的机制。无论是班贝克副主教雅各布·福伊希特（Jacob Feucht，1540—1580 年）发表的“关于物价飞涨、大饥荒和暴风雨的 5 次布道辞”，还是苏黎世改革派神学家路德维希·拉瓦特（Ludwig Lavater，1527—1585 年）关于物价上涨和饥荒的布道，以及路德宗神学家托马斯·罗勒（Thomas Rörer，1542—1580 年以后），他们纷纷提出有理有据的疑问：“为何眼看着城市和乡村的一切都变得越来越贫乏、衰颓？”他们的神学基础是相同的，关于上帝因人类之罪而发怒的描述都源自《圣经》。我们现在所说的“环境罪”是指应当受到自然的惩罚或者“报复”，与此不同的是，16—17 世纪神学家所预计的惩罚来自人们意念中的上帝。这种惩罚适用于一切罪恶，包括精神上或道德上的不端行为。

“罪恶经济学”被神学家用作解释气候恶化的最重要机制，通常不再需要寻找替罪羊。这些卫道士们更多地寄希望于广大信徒改变自己的行为，不应将罪责推给少数人，而要从自身找原因。这种阐释得到基督教各大教会的认可，各国也抛开政体差异一致拥护，因此罪恶经济学在小冰期文化演变的过程中发挥了突出的作用。不过首先需要分辨一点：有时文化演变仅仅从技术层面而言是理性的，并且与气候变化直接相关；有时又很难将道德依据和理性依据区分开来。

气候变冷对日常生活的影响

许多领域都出现了明显的反应：人们采取措施防范降雨、降温或降雪，对着装、建筑、取暖以及木材管理等方面进行调整。取暖期延长不仅导致费用增加，也会影响环境。需求增加导致木材短缺，会引发资源争夺。当时的日记显示，由于交通受阻，木材采购价格逐年上升，耗费了大量人工、物流以及仓储成本。另外，极寒的气候导致树木生长缓慢，从树木年轮中也可以发现这一点。用沙勒的话说，“林中木材的生长状况不及以前……。人们纷纷抱怨，再这样下去很快就会出现木材短缺，难以为继。”对于建筑的影响体现在，大型建筑中需要供暖的房间数量比中世纪多得多。宫殿中供暖的房间增多是财富的象征，但也清晰地表明，仅配备一间供暖的内室这种做法已经不可行了。取暖成为基础需求，宫中的司炉工一职变得更加重要。在布拉格城堡区（Hradschin），司炉工是唯一一个拥有所有房间钥匙的人，每天早晨他必须第一个进入房间生火取暖。

16 世纪末期，巴洛克建筑代替了哥特式建筑，这种城市风貌的改变也与气候变化有关。虽然这是一个长期的过程，但 1600 年前后大批木制建筑已经被石屋取代，这有助于合理使用燃料，即使取暖期延长也不易引发火灾。这一时期出现了房屋扩建的热潮，一方面是由于部分社会群体财富增加；另一方面是物资短缺频频发生，提升仓储能力很有必要。不仅当权者如此，经济条件允许的老百姓也纷纷扩建。房屋下层通暖时上层也能受益，因此楼上一般租住着那些自己没有房子的仆役或雇工。此外，家中还需要更多卧室，因为随着道德观念增强，男女仆役分房而居变得十分必要，并且主人家的孩童要与仆人保持距离，几名家庭成员同住一间卧室的情况也有所减少。分床、分房有助于减少害虫和疾病传播，人畜生活空间分离也降低了瘟疫的风险。

16 世纪，玻璃逐渐取代百叶窗板、窗户纸、松节油浸泡的亚麻布和羊皮纸成为封窗的主要材料，具备更好的保温隔热性能。普通居民家中敞开的烟囱让位于豪华的壁炉，后者更加节能、少烟，居住环境也更舒适。瓷砖装饰的炉子和铸铁的炉板成为这一时期的标志性物品。16 世纪晚期，德国旅行者常常提到的“厚实的羽绒被”和“小山似的蓬松枕头”就是为对抗寒冷而出现的。带华盖的床不仅能够将小虫子阻隔在外，也能保暖，现在在普通人家里还能见到。出于类似的原因，当时人们对木地板也十分喜爱。木地板比石制地板造价更低，也更御寒。在漫长的冬季，体温过低甚至由此引发感冒或其他疾病是十分危险的，必须借助相应的装备和衣物来御寒。1582 年 9 月初，温斯伯格命人新制的羊毛睡衣长及脚面，并用狐皮做衬里。

服饰的变化表明，（随着气候变化）我们很快就面临着复杂的问题。当时，16 世纪下半叶服装潮流发生了根本性的改变。在他的作品中，温斯伯格花费了一整章的篇幅来描写自他青年时期以来出现的各种服饰变化。《大事记》（*Denkwürdigkeiten*）中随处可见寒冷的踪迹。比如，1570—1571 年的圣诞节过后，

“下起平生未见的大雪，积雪没过膝盖，甚至有半人高。直到封斋节前，许多街道上车辆仍然无法通行。路上的积雪堆得像河堤一般高，在街的这一面望不见另一面。”他还观察到，在气候较好的莱茵河谷地区，“空气冷得像刀子，人们呵气成冰。”气候寒冷加之取暖条件欠缺，导致人们不得不调整生活习惯——以往冬季使用的餐室太冷，于是便改到特定的房间用餐。温斯伯格习惯于身穿皮毛衬里的羊毛睡衣，戴着柔软的毛线睡帽躺在被窝里，小心防范着外面的潮湿和寒风。

罪恶经济学与服饰

服饰方面的改变远不止是为了应对气候变冷这么简单。种种迹象表明，1500 年前后，上层阶级的服装比后世更加轻便。在 16 世纪早期的宫廷画作中，比如著名的法国国王弗朗索瓦一世（Franz’ Ⅰ）像，由让·克卢埃（Jean Clouet）所绘，藏于巴黎卢浮宫，通过巧妙的构图和精心的剪裁，服饰凸显出人物的身体姿态。画中的衣饰垂坠感很强，明显能看出是轻薄的丝织品。丢勒（Dürer）和霍尔拜因（Holbein）作品中也常见穿着紧身裤的男性和穿着低领口上衣的女性，这些形象虽然不为改革派神职人员所接受，但这并不影响普罗大众对他们的喜爱。安德烈亚斯·穆斯库勒斯（Andreas Musculus，1514—1581 年）在《来自裤子的魔鬼》（*Hosentenfel*）一书中猛烈批判“不得体的魔鬼裤子”——这是令偏执的神学家大为光火的着装风尚：人们穿着随心所欲，特别是五颜六色还开着缝的灯笼裤，从缝里能看见底裤或光溜溜的腿。女士服装“袖子镂空”“领口大开”，引人遐想。无怪乎教会都劝诫人们警惕“连衣裙恶魔、裤子恶魔、花边恶魔”等。服饰潮流不仅反映了当时的气候环境，也反映出时代风气——虽然礼教森严，但人们仍未丧失生活的热情。

16 世纪时装史见证了更厚重的衣饰逐渐流行起来。与初期相对自由的着装风格相比，16 世纪末期上层阶级纷纷用夸张的高领“武装”自己，将身体藏在厚重的深色衣物之下，无论教派、国别、年龄和性别都是如此。几乎同一时期，各种内衣的重要性全面提升。狭义的内衣指穿着在衬衫和短上衣里面的贴身衣物，比如 1585 年 9 月温斯伯格命人新制的针织羊毛长裤，由于天气寒冷，直到 1586 年 5 月底他还在穿着。广义的内衣还包括为了使外衣保持造型而穿在里面的衣物和紧身胸衣、鱼骨和裙撑等小件。这样的着装使上层阶级举手投足间就显得“庄重体面”，甚至也会影响到他们的体态。为了御寒，哈布斯堡大公和英国大法官弗兰西斯·培根（Francis Bacon）都抛开所谓潮流，戴上了略显古怪的黑色高毡帽。受他们影响，温斯伯格在家也习惯穿着暖和的拖鞋，还专门让人做了一双“街上结冰时穿的”鞋子。这些都只是着装变化的一部分。

所谓“西班牙风格”不仅仅是一种潮流，而同时也考虑到了更高的道德要求以及御寒需求。宫廷画师汉斯·冯·亚琛（Hans von Aachen，1552—1615 年）为巴伐利亚公爵威廉五世（Wilhelm V）和公爵夫人雷娜塔（Renata von Lothringen）绘制了双人肖像，从中我们可以看出着装风格的显著变化。人物的身体隐藏在大面积黑色衣料之下，与背景的黑暗融为一体，硬挺的高领将头部与身体分隔开来。女性躯体被描绘成近乎几何三角形，衣领处的花边看起来令人行动不便、姿势僵硬，类似的姿态在其他画作中也十分常见。长度及地的裙摆用鱼骨或铁丝制成的裙撑撑起，腿部和脖子被衣物包裹得严严实实，双手也常常戴着手套。和男士一样，女士也佩戴沉重的深色帽子，天冷时还要用上皮毛领子和手套。从神圣罗马帝国、荷兰、英国到西班牙，王室一律佩戴夸张呆板的黑色毡帽、巨大的白色领子，穿着宽大的黑色斗篷、沉重的靴子，或佩戴手套。人们不仅在户外戴帽子，在室内也不能取下。这对发型也产生了影响。温斯伯格写道，在他的青年时期，大家都是长发及肩，现在却纷纷剪短了。

在流行的节日文化中，令人扫兴的条条框框很难被接受，比如社会风俗很可能要求人们对男士穿着低胸装、短裙和紧身长裤毫不留情地加以斥责。但这些风俗和着装要求针对的并不是寒冷，而是罪恶。风俗改革家们对女士服装格外关注，除了她们的着装还包括：“用各种奇怪的颜料化妆、描画额头、涂脂抹粉。”这种行为遭到严厉警告，“因为女性给自己涂抹水银、蛇油、蛇粪、鼠粪、狗粪或狼粪，以及许多其他我羞于启齿的腌臜恶臭的东西。她们在额头、眼睛、脸颊和嘴唇上擦上这些毒药，可能会暂时获得一张光彩照人的面孔，但很快她们就会变得更加丑陋、肮脏和可怕，老得不成人形。她们 40 岁时看起来如同 70 岁一般。”

小冰期与绘画

近代早期最著名的绘画作品之一是神圣罗马帝国皇帝鲁道夫二世命人创作的，当时他为自己的身心日益康健而大感愉悦。这位基督教的世俗领袖让宫廷画师朱塞佩·阿尔钦波尔多（Giuseppe Arcimboldo，1527—1593 年）把他描绘成异教丰产之神的形象，本土和异域的水果、谷穗、栗子、玉米、胡瓜和桃子构成了他的脸庞，整个作品呈现出超现实风格。1570 年前后，田地绝收是主要问题，这一时期中欧面临着最为严重的饥荒。阿诺德·豪瑟（Arnold Hauser，1892—1978 年）认为，矫饰派艺术风格反映出一个令社会愈发动荡不安的破碎时代，巴洛克风格则代表回归新的平衡，艺术史学家对这一观点并不十分认同。汉斯·纽伯格（Hans Neuberger）认为可以从风景画中的云朵数量证明当时的气候变化，也没能引起艺术史学家的兴趣。中世纪金色背景的绘画作品和 20 世纪的抽象画一样，画面中几乎不见云朵；而在埃尔·格列柯（El Greco，1541—1614 年）等艺术家的作品中乌云多得惊人。在《脱掉基督的外衣》中，格列柯可能希望通过天空来赋予作品精神层面的内涵，但这完全不妨碍它能反映自然的变化。虽然技术难度相当高，木版画和铜版画的背景中仍然会出现厚厚的云层。除了四季风俗画，首次以恶劣天气为主题的大型绘画作品应该是老彼得·勃鲁盖尔（Pieter Brueghel der Ältere，1525—1569 年）的《暗日》。

在这幅作品里,“阴沉的天空中阵阵寒风吹过,乌云在苍白的月亮下飘动……铅灰色的山峰顶部被白雪覆盖,矗立在冰封一般静默的城市中。风暴使许多船只遇难,也毁掉了岸边的村庄。”

更能说明问题的是,这一时期风景画出现了一个新流派——冬景画。勃鲁盖尔的《猎人归来》就是其中的代表作(图 4.5),灰暗的色调使得整幅画充满压力和绝望之感。画面中冰冷的铅灰色天空表明它不属于传统的四季风俗画,“各种元素都在以自己的方式昭示冬天的存在:树木看上去像被钉在地里,而不是从土里长出来;干枯断裂的树枝相互交错;屋顶的积雪使农舍显得更加低矮,仿佛冻得缩成一团不停发抖的人;远处山尖的轮廓像冰块耸立,人和动物只有模糊的剪影,像一团团影子。”勃鲁盖尔晚年尝试用多种手法表现冬景,比如 1566 年创作的《伯利恒人口普查》(藏于布鲁塞尔皇家艺术博物馆)以及《伯利恒的儿童谋杀》(藏于维也纳艺术史博物馆)。后者表现了罗马士兵在白雪皑皑的荷兰村庄犯下的暴行,画中的士兵首领神似西班牙驻荷兰总督、阿尔瓦(Alba)公爵费尔南多·阿尔瓦雷斯·德·托莱多(Fernando Alvarez de Toledo,1507—1582 年)——罗马和西班牙的恐怖行径、宗教救世史与民族史在这幅作品中融为一体。勃鲁盖尔最令人惊讶的作品之一《三位皇帝的雪中崇拜》(藏于温特图尔莱因哈特博物馆)则完全称不上吸引人,人们甚至很难从画面上纷纷扬扬的大雪中辨认出伯利恒的马厩。

图 4.5　16 世纪 60 年代的凛冬激起了艺术家们描绘冬景的热情。老彼得 · 勃鲁盖尔,《猎人归来》，约 1565 年。

除了雪景，洪水、山崩、风暴、大浪、海难等其他灾难也成为图像化表达的内容。特别是海难，它已经具有某种象征意义，以至于几乎没有人去探究作品背后的原型。另一方面，由于风暴频发，海难也是一种切实存在的危险，受影响的不止船员和乘客，还有船主和航行的赞助人。这关乎生命和财产安全，此时尚在发展中的保险行业只能降低部分风险。1576 年 2 月，凯文乌勒（Khevenhüller）报告，恶劣的天气使得八艘西班牙帆船在维拉弗兰卡（Villafranca）港沉没，全体船员和船上运送的钱财都沉入了海底。山体滑坡、雪崩和洪水则通常被认为与降水过多有关，并不具有其他象征意义（图 4.6）。只有风暴和海难象征着失败，所以才能格外引起艺术家的兴趣。

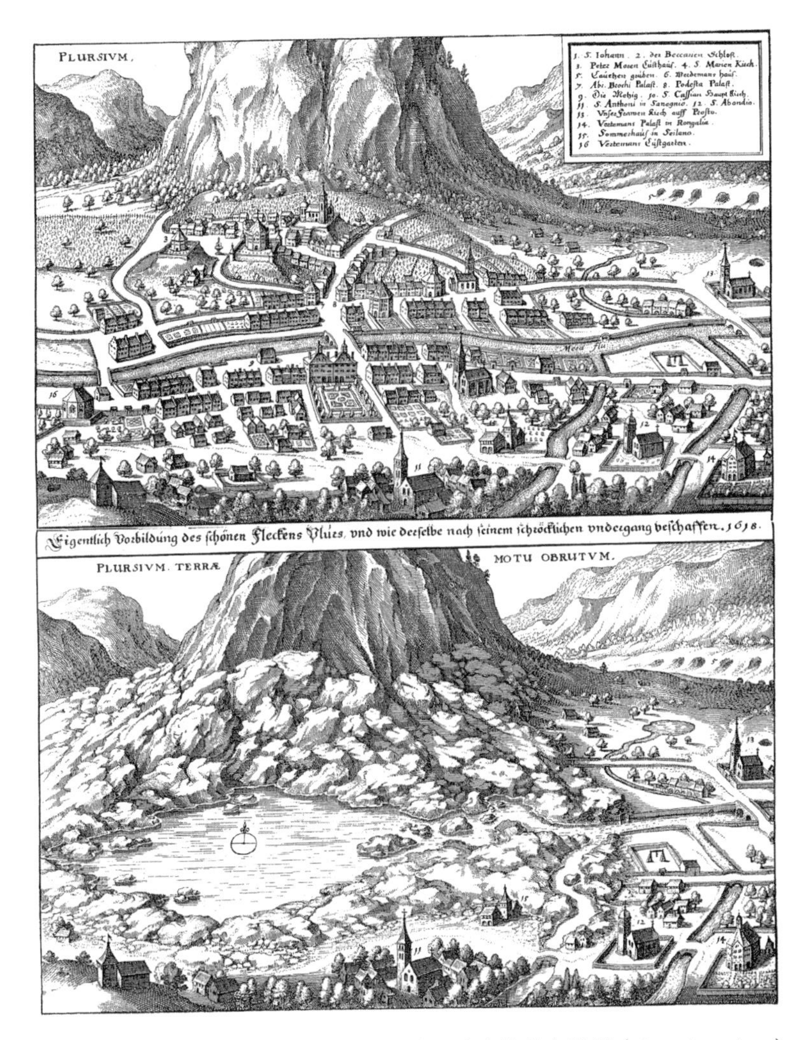

图 4.6　大暴雨引发山体滑坡：1618 年，瑞士格劳宾登州（Graubünden）城市普鲁斯（Plurs）因此被埋。

“忧思、困苦与恐惧”：音乐和文学中的全球变冷

小冰期对音乐的影响比较复杂，篇幅所限难以说清，本节只能一笔带过。伟大的奥兰多·迪·拉索（Orlando di Lasso，1532—1594年）偏偏在大饥荒时改变风格，发表了《忏悔圣歌》，这很难单纯解释为“慕尼黑宫廷乐队经费紧张，面临解散的危险”。《忏悔圣歌》的创作符合这一时期的逻辑——一个大量天灾迫使政府额外举行祷告、设立忏悔日以期平息上帝怒火的时代。人们积极忏悔和热衷于新的音乐风格是全世界范围内的普遍现象，以乔瓦尼·皮耶路易吉·达·帕莱斯特里那（Giovanni Pierluigi da Palestrina，1525—1594年）为代表的西班牙和意大利顶级作曲家都投身其中。战胜疾病和暴毙开始成为路德教会音乐中异常重要的主题。引入同奏低音、抛弃传统复调、大量运用不和谐音以及在曲谱中标明小节线等形式上的改变，究竟与作曲者的心态变化有多大关系，还需要音乐史学家进一步探究。歌剧等新的大型音乐作品的出现则与政治结构调整、宫廷地位上升密切相关；另外考虑到集中化有利于克服危机，它可能也和气候变化这一时代背景有关。

在文学领域，奇迹文学和恐怖文学开始兴起。这类作品的情节通常是主人公在寻找上帝指示的途中遇到一些神仙妖魔，以及自然界不知名的动植物和怪物。对这一主题的喜爱在手工业、学院派和宫廷艺术作品中都有体现。画家、金匠和雕塑家都很注重塑造异常夸张的形象，创作出了一批扭曲的矫饰主义

代表作，后来的巴洛克异形珍珠正是继承了这一风格。寻找异乎寻常的事物和自然的指示，这与贵族收集奇珍异宝放进陈列室里的做法可谓异曲同工。珍宝陈列室算得上是系统分类的萌芽，因为要为新的物件建立新的秩序。1577 年和 1618 年出现的彗星掀起了出版热潮，对政治史和科学革命也产生了一定影响。除了彗星，人们对其他天象同样感到惊讶和敬畏，因此逐一记录了下来，比如前面提到的极光，还有"血雨"（红色的雨）、"麦积雨"（雨中含有麦粒）以及传说中的"炎龙喷火"。这些异象与暴力犯罪、死刑、魔鬼和巫师共同构成了大画报的基础素材，也成为 16 世纪末民间文学的典型特征。

在 1560 年之后兴起的文本类型中，有一种宗教教诲文学的特殊变体——新教恶魔文学。其特点是将人的缺点妖魔化，创新地用"狂饮恶魔"谴责酒鬼，用"长裤恶魔"批判对时尚的追捧，用"享乐恶魔"（1561 年）讽刺对来世缺乏信仰，用"诅咒恶魔"（1561 年）暗示渎神之罪，路德维希·米利丘（Ludwig Milichiu）还用"法术恶魔"（1563 年）批判沉迷法术和迷信的风气。1569 年，《恶魔戏剧》（*Theatrum Diabolorum*）首次集中表现了这种道德行为批判，不久后诞生了第二部以恶魔为主题的剧本，包含 24 个新的故事。到 16 世纪末，又有 16 本相关书籍出版。

迫害巫师活动开始之后，除了恶魔剧目又新增了"巫师戏剧"。这一事件与《浮士德博士的故事》（*Historia von D. Johann Fausten*）的法兰克福首版共同标志着世界鬼怪文学的第一个高峰，这一时期涌现的著名作家包括：瑞士宗教改革家兰伯特·达纽（Lambert Daneau），法国法学家让·博丹（Jean Bodin）和苏格兰国王詹姆士六世（1566—1625年）。詹姆士六世自1604年开始统治英格兰，因此也被称为“詹姆士一世”，他的《魔鬼学》（*Demonology*）一书中有不少关于天气魔法的描写。除现实动机外，鬼怪文学还试图将人类的知识建立在可靠的基础而非怪诞的幻想之上，因此它探讨的是那个时代认知理论的核心问题。

与魔鬼结盟是1600年前后最受欢迎的主题之一。继1587年的初版浮士德传奇之后，形成了多个延伸版本。1588年其英文译本问世，1592年被译成荷兰语，1598年又被译成法语。克里斯多夫·马洛（Christopher Marlowe，1564—1593年）将这一题材改编成戏剧，搬上了伦敦的剧院舞台。在第一本浮士德故事出版的同一年，耶稣会会士雅各布·格瑞特斯（Jacob Gretser，1562—1625年）出版了另一个与魔鬼订立契约的故事《乌都》（*Udo*）；短短四年后，雅各布·彼得曼（Jacob Bidermann，1578—1639年）又以浮士德的形象为基础创作了《塞诺多克萨斯》（*Cenodoxus*）。正如歌德所洞察的那样，浮士德这个人物超越了以往人们对巫师的想象，他将灵魂出卖给魔鬼并非为了追求可怜的物质财富，而是为了更进一步地了解自然。因此，完全可以将他归入现代自然科学的先驱之列。

这一时期的时代精神还体现在一些高质量的文学作品中，它们在分类上通常按时期被归类为文艺复兴、矫饰主义或巴洛克作品。“时光如水，日月如梭，转瞬即逝，这是常常出现在每个人脑海中的念头。对现世的轻贱与对永恒的热切追求互相矛盾（图 4.7），不免使人陷入忧思、困苦和恐惧……回避、谦卑、向往内心的平和宁静、根据经验聪明地选择随波逐流、疲倦、对生活本身及其结果的漠然、想象自己是生活这出戏的演员和观众——这一切都昭示着自暴自弃，昭示着对外部生存利益的刻意破坏。”这种时代精神蕴含于米盖尔·德·塞万提斯（Miguel de

图 4.7　在一个充满不安的时代，死亡的胜利和俗世转瞬即逝是的典型主题。迈克尔·沃尔格玛特（Michael Wohlgemut），《僵尸的形象》（*Imago mortis*），出自纽伦堡《艺术品藏册》（Liber Chronicarum），1493 年。

Cervantes，1547—1616 年）的散文、莎士比亚（1564—1616 年）的戏剧和安德里亚斯·格吕菲乌斯（Andreas Gryphius，1616—1664 年）的诗歌中。格吕菲乌斯到过荷兰、意大利和法国，他被自己所处的时代之困苦所征服。在《一切皆虚空》（*Vanitas Vanitatum Vanitas*）等格律严谨的十四行诗中，这位西里西亚地方议会的法律顾问把时代毁灭描述成一件毫无意义的事，危机四伏的环境下，个人规划显得毫无必要——今天建造起来的城，明天就会被毁；依照上帝面貌所造的人，“明天不过是骨和灰”。

值得注意的是，除了冬景画，这一时期文学作品中也出现了大量对冬季风景的描写。西蒙·达奇（Simon Dach，1606—1659 年）写道：“现在山丘和田地都已盖着霜雪入眠，森林藏在银装素裹之下。河流停止了流动，不再发出潺潺水声。”当然，和绘画一样，巴洛克文学作品也只突出局部的风景。实际上，这种典型处理完全符合马丁·奥匹兹（Martin Opitz，1579—1639 年）等人所倡导的巴洛克诗学。如果我们把相似的文段对照来看，会发现它们似乎可以互换。以威德尔（Wedel）传教士约翰·瑞斯特（Johann Rist，1607—1667 年）所作的《寒冬已经来临》（*Auff die nunmehr angekommene kalte Winterszeit*）为例：

冬天已经来临，到处白雪皑皑。

夏天已经过去，森林素裹银装。

草地被冰霜冻伤，田间闪耀着寒光。

鲜花变成了冰块，河流坚硬如钢。

不过，如果不了解莱茵河和罗纳河在小冰期冬季反复结冰这一事实，还能准确理解这些诗句吗？关于疾病和死亡威胁的描写也是如此。下面这首标注了具体时间的自传体诗歌在沃尔夫拉姆·毛瑟（Wolfram Mauser）看来就并没有什么原型：

《重病中的眼泪》，1640 年

我也不知道，为何一直叹气。

日夜都在哭泣，深受痛苦折磨。

心中无限恐惧，孱弱又无力。

精神备受煎熬，双手黯然垂落。

面孔变得苍白，双目失去神采，如同烛火将熄。

灵魂片片撕裂，如同解冻的湖面。

生活所余何物？……唯有无尽梦魇。

在历史学家眼中，身处这一危机时期的作家，他们的恐惧显然与时代背景相关。

冰冷的理性之光

对新秩序的渴求

近代早期欧洲所面临的动荡和混乱与现在一些欠发达国家一样，无怪乎现代化理论家常用这一时期的欧洲社会来验证他们的理论。这一阶段的自然灾害及其产生的文化影响是由于社会发展程度较低、民众缺乏安全感。同时，在这里，我们可以找到一个摆脱恶劣气候的典型例子。人们抵制“替罪羊反应”，学会理智地看待气候变化，依靠自身力量脱离了苦海。帮助人们抛开前现代罪恶经济学、摆脱宗教妄想的影响，适应小冰期生存环境的这个关键词是：理性。

20 世纪关于饥荒和营养不良的讨论表明，农业社会更易出现危机。这不仅仅是由于恶劣气候条件（干旱、多雨、寒冷或炎热）的影响，还因为文化因素使情况进一步复杂化——包括不利于农业生产发展的所有制结构（例如大地主所有制或封建佃农制）、充满弊病的政治体制（缺乏公共机构、政府腐败、国家沦为少数派敛财的工具）、落后的经济体制（资本不足、市场融合程度低、仓储管理不完善、农业生产组织不力）、教育事业落后（文盲比例高、精英教育缺乏、农业和营养学相关培训欠缺）、卫生事业缺位（卫生状况差、医疗供给不足）以及交通通信设施（资源和价格信息缺乏、高效的海陆食品运输通道缺乏）、保险设施等方面的问题。

近代早期的欧洲，作为一种应对危机的策略，争取稳定成为时代主旋律。这种对秩序的渴求产生了一系列影响。一批强大的君主制或议会制核心国家得以建立，促进了被伊曼纽尔·沃伦斯坦（Immanuel Wallerstein）称为“欧洲世界体系”的经济体系诞生，这一时期形成的全球殖民体系也被囊括其中。在一个形势日益紧张的时期，建立国家是对整个社会缺乏安全感的一种回应，设立常备陆军可以对内忧外患产生震慑作用。君主统治好过宗教内战，这一点托马斯·霍布斯（1588—1679年）在《利维坦》中已经阐明。强势国家地位的确立只不过代表了整个欧洲的一种趋势，即面向内外确立国界，以便外保国防、内安民心。但寻求秩序不仅是一个“自上而下”的过程，也是一种“自下而上”的需求。17世纪以来设立的官僚机构承担的职责包括修路建桥、完善基础设施，发展有效的教育事业，提高仓储能力，改善医疗供给和卫生水平。随着现代国家的建立，为了增强系统稳定性，大学开始开设政治学、自然法、国际法、公共法等专业课程。

罗伯特·伊莱亚斯（Norbert Elias）指出，这些体制机制的改变是有一定代价的，比如通过军队和行政管理手段来推行社会规则。但即使不诉诸强制力，新的机制也会对人们提出新的要求。在集权统治机器的核心，无论宫廷、议会还是作为工作场所的中央机构，专业过人、姿态优雅、心智老练都是比蛮力更加重要的因素。人们自愿选择自律、秉持新的价值观，其背后的动因比伊莱亚斯所看到的要复杂得多，其中就包括一个有信仰的社会面临外部灾难冲击时所产生的罪恶感。此外，随着欧洲的世界贸易和通信事业不断发展，也有充足的理由使流程合理化和加强自律。社会分工日益强化，日常生活的许多领域都形成了更加具体的规则。从政府部门职员、医院的病人到公会、兄弟会的成员，无一不受此影响。就连外来的旅行者也不例外，18世纪的驿车管理规章就强调在实际条件允许的情况下务求准时、准确。

对安全和秩序的需求在许多新的生活领域引发了规范化尝试。当时，天文学被认为是代表性的领先科学，约翰尼斯·开普勒（1571—1630 年）根据新柏拉图主义的“和谐世界观”将天文学与数学定律融会贯通。几何学促进了行为准则的发展，为规范化秩序的建立提供了模板，无论跳舞、交通网络规划、行政机构组织还是堡垒建筑、花园建造都可参考。17 世纪人们所寻求并部分实现的新秩序，是新一代对往昔激情的一种回应。这些改革甚至蔓延到了语言领域。这一时期的文学以古典诗学为范本，在韵律和戏剧性方面遵循严格的规则，其受众还是当时负责建立秩序的社会机构——宫廷。德语以概念为导向正是源于这个无序时代所完成的语言统一。

宗教狂热退潮

人们摘下对客观世界的滤镜有很多原因，在小冰期的背景下其意义尤为深远。近代早期，社会开始摆脱宗教思想的统治。这一过程正好发生在宗教战争和迫害巫师时期，细想起来并不令人惊讶，因为宗教狂热的退潮，即“思维的世俗化”可以视为对这些事件的直接回应。从法兰克福书展的书目可以看出，在神学论辩作品大批涌现的同时，非宗教的纪实文学也迎来了繁荣。以格奥尔格·威尔（Georg Willer）的书展目录为例，1570 年大饥荒时除了神学、法学和医学书籍，还出现了新的类别：哲学、自由艺术和机械混合类，这说明人文科学、自然科学和技术类书籍地位日益提升。这份书目中的德语书籍笼统地归类于“所有艺术和其他领域的各种图书”，其中主要是关于天气和农业改革的作品。书展举办的第一年，康拉德·冯·海莱斯巴赫（Konrad von Heresbachs，1496—1576年）的书目中就包含了新的农业教材，随后几年，这本书重印了四次，并且被译成了英文。接着，法兰克福书展售出了更多关于农业理论和实操的意大利语以及法语作品。16世纪90年代，乔纳斯·科勒（Johannes Coler，1566—1639年）出版了“家长式文学”的代表作《农村经济和家庭经济》（*Oeconomia ruralis et domestica*），直到18世纪仍然风靡一时。这些作品的共同点在于，有利于提高农作物产量、促进肥料使用，并推动了荷兰和英国的“农业革命”。

从气象学书籍的命名有时很难判断其内容是否与精神启迪有关，它们往往将观察自然和预言未来熔于一炉，或者是一种神学视角的编年史。以图宾根的约翰·格奥尔格·西格沃特（Johann Georg Sigwart）教授为代表的部分传教士致力于从神学中寻找极端气候现象的合理化解释。天文学家巴多罗迈·斯卡蒂特斯（Bartholomeus Scultetus，1540—1614年）在他的《各种天气预测》（*Prognosticon von aller Witterung*）中对长期天气进行了大胆预测。17世纪的狭义气象学作品和亚里士多德的评论都需要进一步研究，这项工作的价值从莱奥哈德·雷恩曼（Leonhard Reynmann）的作品、多次再版的天气小册子中可见一斑。后者避免从神、鬼、巫任何一个角度对天气进行玄乎的解释。

近代早期中段的苦难促使人们开始持续学习，由此开启的理性化过程通常被归因于一些长期的结构性因素，例如维尔纳·桑巴（Werner Sombart）认为与资本主义萌芽相关，马克斯·韦伯（Max Weber）认为与新教兴起相关，罗伯特·伊莱亚斯则认为与专制宫廷有关。此外，也有可能是人们的宗教热情已经消退。当时有一部分人认为，圣战和猎巫行动对天气和收成并无助益，只不过徒增痛苦。

有些出版商的书目中并没有神学论辩作品，只有大量的纪实文学书籍。法兰克福的马特乌斯·梅里安和斯特拉斯堡的约翰·卡洛勒斯（Johann Carolus，周期性出版物的创始人）等著名书商就在此列。通过卡洛勒斯的例子可以看出，17 世纪的新媒体如何走在时代前列：宗教狂热和奇谈异闻不见踪影；相反，1609 年的《关系》（*Relation*）周刊详细报道了鲁道夫二世颁布的波希米亚敕令《大赦波希米亚人》和尤利希–克雷夫（Jülich Kleve）公国的继承危机。媒体不仅发布信息，还传递了一个讯号：世界一片混乱。为了理解这一点，人们需要知道的不是玄学的进展，而是政治动态。

在此背景下，通过新斯多葛派实用主义哲学来抑制对宗教的狂热，其意义不亚于伽利略的自然科学研究方法得到普及，或弗朗西斯·培根的对比实验法使得实验结论规范化，从方法上保障了科学的进步。这种开放式的研究当然遭到了教条主义者的排斥，这一点在宗教法庭审判伽利略时我们已经有所了解。因此，佛罗伦萨山猫学会在章程中明确规定禁止神学家加入，学者们希望在这里可以不受审查，避免毫无成效的宗教论辩，自由探讨一些严肃的问题。宗教法庭对当时顶尖的自然科学家进行审判释放了一个信号，后来各种私人或公立的科学团体纷纷将神学家拒之门外，包括英国皇家学会（Royal Society）和法国的法兰西学院（Academie Française）。在新教国家形成了一种怪象：只要处于教皇统治之下，科学就不可能发展。17 世纪的乌托邦代表了人们头脑中的理想国家，神学家在其中仅仅居于次要地位，哲学家才是推动国家制度变革的力量——无论是培根的《新亚特兰蒂斯》（*Nova Atlantis*），还是约翰·瓦伦丁·安德里亚（Johann Valentin Andreae）的《基督城》（*Christianopolis*）。事实上，在 1648 年签订《威斯特伐利亚和约》后，特别是 1689 年英国光荣革命之后，宗教压力驱动或被迫实施的暴力行为大幅减少。

科学革命与进步乐观主义的萌芽

如果要在 16 世纪寻找现代自然科学的先驱，一定会注意到那些充满浮士德式求知欲的研究者们，他们常常混淆了实验与魔法的界限。在神学家看来，“自然魔法”是一门极为可疑的学科，一些术士宣称自己会驱魔，就像艺术家本韦努托·切利尼（Benvenuto Cellini，1500—1571 年）一样。不过，自然魔法师在宫廷中声望颇高，其中的代表人物包括吉罗拉莫·卡尔达诺（Girolamo Cardano，1501—1576 年），万向轴和其他一些发明都来自他的实用研究；还有那不勒斯的吉安巴蒂斯塔·德拉·波尔塔（Gianbattista della Porta，1535—1615年）。波尔塔比同时代的高等学府更能代表当时的自然科学水平，因为除了医学、天文学和数学，大学并未开设自然研究课程。英国自然魔法师约翰·迪（John Dee，1527—1608年）凭借他的实验和预言的本领在伊丽莎白一世和鲁道夫二世的宫廷中大受追捧。“神秘科学”，包括占星学、帕拉采尔苏斯（Paracelsus）派医学和炼金术，在那个为解决新问题不断探索新路径的时代掀起了一股热潮。

不只是伽利略，早在卡尔达诺所处的时期，自然科学家就由于与宗教正统之间的潜在矛盾而面临生命危险。和切利尼一样，卡尔达诺、德拉·波尔塔和约翰·迪也被宗教法庭列为高度怀疑对象，因为有时他们做实验时无法解释这些“魔法仪式”的意义。不过卡尔达诺在数学研究中找到了合适的答案，即我们现在所说的“卡尔达诺公式”；开普勒将他在天文学领域的核心思想用数学公式表示了出来，也就是至今仍然适用的行星运动“开普勒三大定律”；伽利略则为自然科学带来了一套独特的语言（数学预言），从形式逻辑上令教会无可挑剔。自然规律的发现使《圣经》中的人格神失去了光环，上帝、天使和魔鬼无法继续在大地上随意游走。即使有人认为自然规律是上帝的杰作，造物主本身也处于规则的约束之下，而这些规则是可以通过科学研究被人类掌握的。

关键在于范式的转变，即对自然的视角发生了改变。伽利略和培根认为，这种新的视角将宗教和鬼神世界从可能的解释中剔除出去，剥夺了神学家、自然魔法师、炼金术士和占星师的话语权。通过标准化实验流程和对结果的系统研讨将“胡思乱想”规范化，培根的未竟之作《伟大复兴》（*Instauratio Magna*）便是取材于此。知识边界随之不断扩大，知识的系统积累促进了科学的进步。决定何为真理的不再是教会或国家，而是全世界的哲学家和自然科学家。

17 世纪早期之后，自然科学彻底改变了世界的面貌。数学家勒内·笛卡尔（1596—1650 年）将哲学上的精神（思维实体）和物质（广延实体）区分开来，从认识论的角度否定了精神领域的各种存在（神、鬼和上帝）对物质世界的作用。数学家、物理学家牛顿（1643—1727 年）提出的“万有引力定律”揭示了一种万物理论——它适用于广袤的宇宙，当然也包括地球，这是自然规律普遍适用的一个例证。

自此，牛顿实现了自然魔法师的一个夙愿，那就是在理论上将微观宇宙和宏观宇宙联系起来。牛顿本人算得上是个科学全才，他在天文学、机械、光学、声学、算术等领域都有涉猎。1703 年，他当选为皇家学术促进会（Royal Society for the Advancement of Learning）终身会长，这一机构半个世纪以来致力于推动自然规律的系统性研究。由于他的科学成就，牛顿还代表剑桥大学进入英国议会，并被授予爵士头衔。对于启蒙运动学者而言，像牛顿这样的科学家是历史上真正的英雄，他们促进了全人类的进步。值得一提的是，科学和政治的发展在英国是紧密相连的，审查放开带来了科学的繁荣。1688 年，牛顿的主要作品《自然哲学的数学原理》问世时正值光荣革命，英国从君主制向议会制转变，这绝非偶然。

虽然自 16 世纪以来古典自然科学一直遭到猛烈抨击，但它们在大学的主导地位直到此时才被瓦解。亚里士多德提出的自然科学，及其所包含的元素、体液、物质、质量和原因理论失去了过去的地位，取而代之的是由伽利略和霍布斯奠基、被牛顿推上神坛的机械论哲学。用机械化的视角来看待世界，有助于解答具体的世界观和政治问题。因此，借助可操作、可复制的实验来观察自然成为一种长期趋势。同时，人们也致力于研究一些特殊的自然现象，例如磁和电。以前这些现象和重力一样，只能用巫术来解释。随着《哲学学报》等一批专业刊物问世，科学家们不再通过信函来交流实验结果，而是公开发表。

除了新的学术机构（科学团体、研究院），新的科学还催生出专属媒介，以便摆脱宗教和世俗的干扰，对实验进行全球性的探讨。这一机制对于迅速暴露谬误和造假极为有效，因为像热气球升空这类轰动性的实验只需短短几周就会引起整个欧洲和北美纷纷效仿，很快就能被证实或证伪。做实验成了深受上流社会喜爱的消遣。为科学工作设立新的“地点”或机构，成立有声望的媒体，将新的交流渠道制度化，以上种种引发了“范式转换”，托马斯·S. 库恩（Thomas S. Kuhn，1922—1996 年）将其归纳为一种“共识模型”。

随着 17 世纪初望远镜的发明和 17 世纪中期显微镜的发明，

各种仪器在自然科学研究中得到广泛应用。18 世纪，光学仪器和测量仪器成为所有研究所、实验室乃至部分上流家庭的标配。气压计、温度计、湿度计、经纬仪、注射器和棱镜开始大量生产、销售和使用。一些不具备特殊价值的测量数据也被公布出来，比如《绅士杂志》会刊登每日气压值。虽然大部分实验都是为了娱乐，或者充其量只是服务于基础研究，但人们还是积极从事实用型的发明创造，并且卓有成效。1751 年，美国自然研究学者本杰明·富兰克林（1706—1790 年）通过电的实验发明了避雷针；1782 年，在对气体进行长期的化学和物理学研究之后，热气球和氢气球几乎同时诞生,（乘坐气球）空中旅行成为可能。在启蒙运动的尾声，两者都是 18 世纪末自然科学与技术对抗宗教和迷信的重大胜利。令人惊讶的是，这一阶段很少会出现对经济发展或人类改造自然具有更大意义的发明，比如类似于工业革命时期的那些发明——现在看来正是这些发明最终引起了气候变化。

“太阳王”的统治

17 世纪大规模战争之后，常备军的存在保障了政治稳定。这一时期宏伟的纪念建筑和仪式建筑反映出统治者与臣民之间的距离，这种距离增强了人们的安全感，从民族国家的层面为科学发展提供了更多自由空间，这是文艺复兴时期的城邦国家没能做到的。当然，常备军的设立并不会使社会更加公平公正，但肯定会更加稳定可控，因为危及上层统治的叛乱和革命有所减少，现存的秩序得以维护。政治动荡期告一段落，人们满腔的罪恶感和告解欲也随之缓解。

然而，自然灾害、严寒和土地绝收始终是客观存在的。因此，打造“太阳王”的形象就像一个隐喻，承载着人们对未来的美好期许。不仅法国国王路易十四（1638—1715 年，1643/1651—1715 年在位）将自己塑造成发光发热的太阳系中心，他的政敌、神圣罗马帝国皇帝利奥波德一世（Leopold I，1640—1705 年，1658—1705 年在位）同样如此（图 4.8）。这位“太阳王”和他的朝臣统治期间，法国不仅跻身于欧洲强国行列，也面临蒙德极小期极端寒潮的影响。在近 1000 年里最为寒冷的那些年份，法国出现了严重的歉收、粮食匮乏、饥荒以及流行病，死亡率暴涨。同时，其他问题也并没有消失。和奥地利一样，法国持续数十年陷于战争的泥潭，不仅消耗了大量钱财，还致使政府债台高筑，其影响持续多年。此外，气候波动使人们感到更加不安。1683 到 1684 年的寒冬，冰冻从 10 月中旬一直持续到次年复活节。一些气候极为恶劣的年份，比如 17 世纪 90 年代中期，从瑞典的芬兰省到法国南部，欧洲大部分地区都面临极其严重的饥荒。直到“太阳王”统治的尾声，政府仍然无法有效解决粮食问题。虽然采取了一些正确的措施，但当时地方和中央的权力之争使得克服危机的种种努力大打折扣。与过去的饥荒相比，这次唯一的变化在于饥荒和绝望没有波及政治中心。例如，里昂市政府的抗灾工作就取得了成功。

图 4.8　年轻的法国国王路易十四被塑造成跳着芭蕾的拟人化太阳，小冰期时他的政敌也把自己描绘成“太阳王”的形象。

此外还有一个变化：启蒙运动时期，人们逐渐认为饥荒是政府管理不当造成的。公众不愿继续接受“上帝的惩罚”那一套布道辞，而是指出结构性财政赤字和政府的不作为导致粮食缺口无法弥补。为何道路状况如此糟糕，以至于无法迅速运送粮食？为何仓库容量如此之小，以至于无力赈济穷人？为何仅有的仓库都没能装满？为何收成这么少，为何政府没有采取预防措施？学者的批判和民众的愤怒埋下了反抗上层阶级的导火索，逼迫政府采取行动。虽然暴力行为主要针对牟取暴利的粮贩子和面包房，但政府也意识到必须改善供给才能维持统治秩序。实质上，这和旧时的高度文明并没什么两样：处于水深火热之中的民众对统治者的合法性提出了质疑。英国和荷兰国会的例子证明，人民可以用议会来约束王权，这样做完全可行。启蒙运动使得政府面临的改革压力进一步增加。

17—18 世纪的一些改革产生了中期效果。18 世纪，到处都在新建公路、疏通河道，以便运输大型货物。此外，随着驿传系统的建立，国内国际通信水平上了新台阶。通过当时新兴的邮政行业，某一地区受灾的消息可以传递到欧洲其他地区乃至全世界，从而在更大范围内寻求援助。覆盖广泛、组织有序的贸易网络也有助于缓解地区性的供给危机。海上异地贸易的发展，以及仓储、管理和医疗条件的改善使得组织援助更加有力。得益于这些方面的进步，黑死病等古老的灾难再也没有降临欧洲。16 世纪末期，荷兰农业革命开始，很快英国也面临类似的变革，这次革命从根本上解决了粮食问题。拦河筑坝、开垦沼泽、土地轮作、改善灌溉、栽培新的人工品种，这些举措都有助于降低饥荒发生的概率。1709 年以后，饥荒差不多每两代人才出现一次。基础设施和食品生产的发展为城镇化加速奠定了坚实的基础，城镇化则降低了人们对自然和自然力量的依赖感。

远离初级生产的人不易受到迷信和宗教的影响，上层的财富是抵御自然灾害的有效防具。不仅凡尔赛、伦敦和维也纳的王公贵族和富商们不再惧怕巫术，更典型的例子是荷兰。小冰期时，荷兰作为主要粮食转运点一跃成为全球贸易的心脏。这里不仅早已停止猎巫行动，异教徒和犹太人甚至拥有相对较好的生存环境。在这里，严寒的冬季看起来似乎也没那么可怕。冬季风景画的风格从末日般的恐怖变成了祥和宁静或享受冰上运动的乐趣。亨德里克·艾夫尔坎普（Hendrik Averkamp）等一批画家甚至专门绘制冬景，他们的作品装饰了成千上万富裕市民的家。

1739—1740 年凛冬对启蒙运动的考验

启蒙运动精神在宫廷和学界占据了主导地位，越来越突出对自然理性、科学进步和社会改善的乐观信念；甚至人性本身也被认为是善的，只不过糟糕的教育使之蒙尘。以让·雅克·卢梭（1712—1778 年）为代表的启蒙思想家认为人人平等平权，宗教和社会少数群体不应被排除在外，包括女性（这是一大革新）。他们一致认为，教育可以促进人类独立思考。

启蒙思想家眼中的黑暗势力通常指的不是政府或资本，而是教会。他们认为，教会将人们困在蒙昧之中，催生了盲目信仰和大量暴行，从十字军东征、对犹太人的迫害到猎巫行动、清除美洲原住民和宗教战争。他们指出，狂热的信仰与宗教的宽容理念背道而驰。约瑟夫二世（1741—1790年，1765—1790年在位）等一众统治者都认同这一点。启蒙运动思想在受过教育的神学家和教会领袖中有不少拥趸。

这一时期，统治阶级的命运不再与气候变化紧密相连，但普通人的生活仍未摆脱气候的影响。因此，每当自然灾害发生时，保守派传教士就试图在民众和启蒙运动的政治精英之间挑起对立。由于欧洲大部分地区仍然以农业为主，收成好坏直接决定了人们能否吃饱，天气通常扮演着十分关键的角色。只有大不列颠和荷兰是例外：当地温和的海洋气候促进了农业生产发展和基础设施建设，使得这两个国家对局部地区的农业产出依赖程度有所降低。在欧洲其他地区，每一次天气造成的歉收都是对启蒙运动的一次考验。其中，1709年之后的数十年是一段幸运期，气候相对温和，人们又开始幻想更美好的生活。当时可能比现在略微凉爽一些。不过，“理性时代”的冰冷阳光确实带来了稳定的生存环境，印证了克里斯蒂安·沃尔夫（Christian Wolff，1679—1754年）乐观的传统哲学理念，他认为整个世界的基础在于上帝“预先设定的和谐”。

1755年，一场地震引发的海啸摧毁了葡萄牙的首都里斯本，人们普遍认为这对于启蒙运动的未来乐观主义是一次考验。

此外，值得关注的还有1739到1740年冬季的极寒，欧洲大陆因此再次陷入大规模的生存危机，死亡率显著上升。各大研究机构、学术杂志、期刊及许多其他出版物都对这次寒潮进行了讨论。其中，人们一再强调引起极端气候的“自然”原因，以及木柴短缺、低温症、营养不良、疾病、死亡率上升等后果。

穆尔斯塔特（Mühlstadt）牧师约翰·鲁道夫·马库斯（Johann Rudolph Marcus）在《关于20世纪40年代极为严峻漫长的冬季》中历数了过去的寒潮灾害，从撒克逊人的视角回顾了小冰期历史。他列举了大量例证，比如温度计冻裂、阿姆斯特丹桥梁破裂、酒窖中的酒和墨水瓶中的墨水结冰。就连俄罗斯也比以往更加寒冷，森林中许多野生动物被冻死，波斯大批居民被冻死。斯堪的纳维亚半岛湖泊河流全部封冻，水车停工，工业生产停摆。人们外出困难重重：从荷兰南部发往阿姆斯特丹的邮车包括驿马都被冻坏了，汉堡的邮递员被冻死在马背上，开往柏林的邮车上的全部乘客都被冻僵了，波兰有许多人被冻死在家里，苏格兰也有大量饿死的人。法国和英国都爆发了致命的流感。巴黎和各大省份“许多人（感冒）流涕，并因此丧命。据估计，从年初到5月，巴黎有4万多人死亡，仅4月就有超过4000人死在医院。虽然通常情况下低温不利于寄生虫生存，但人们仍然认为，这样的瘟疫、疾病和暴毙是寒冬引发的后遗症”。

和18世纪40年代的危机一样，大寒冬也是当时的学者们十分感兴趣的研究对象之一。根据我们目前了解到的一系列比较研究和地区性微观研究，这场危机的影响相较于此前的同类危机要小一些。在歉收迹象刚刚出现时，许多地方政府就开始储备粮食，他们的采购范围远远超出欧洲。英国从沙俄统治下的波罗的海三国、奥斯曼帝国统治下的埃及以及英属北美殖民地采买粮食，包括小麦、黑麦和大米。普鲁士囤积了大量粮食，因此弗里德里希二世在向奥地利西里西亚地区发起违反国际法的战争之后，可以给农民派发种子，以赢得他们的忠诚。1740年粮食价格飙升，普通家庭由于生活成本增加而困苦不堪。在一些政府管理混乱无序的地区，饥荒仍然很严重。例如在苏格兰高地和爱尔兰等偏远国家（地区），死亡率大幅上升。这样看来，1740年的严冬不仅是对启蒙运动的一次考验，也是启蒙运动的一次胜利。

干霾与大恐慌

18世纪80年代的恶劣气候主要是由冰岛和日本等地包括拉基火山在内的一系列火山爆发引起的。1783年春，日本德川幕府时期，距离首都江户（今东京）约150千米的浅间山火山爆发。这次火山喷发直接导致人口稠密的东京有约35000人死亡，其长远影响更加严重。东京的天空完全被火山灰遮蔽，地面大范围污染，同时伴随强降雨和全国持续多年大幅降温。火山喷发引起的气候恶化使得水稻产量显著下降，粮食价格翻了3倍，1783—1787年出现严重饥荒。吃不上饭的穷人以树根、坚果乃至猫狗为食，甚至出现了食人惨象。当时的定期人口普查显示，荒年中可能有几十万人饿死，人口数量在短短几年内从 2600 万下降到 2300 万，而在 18 世纪其他时间里人口数量相对稳定。由于饥荒的影响，18 世纪 80 年代日本国内爆发了农民起义和武装叛乱。1787 年 5 月，长崎、江户和日本北部的动乱达到巅峰，农民和市民联合起来，破坏了特权商人和高利贷商人的房屋。当时，“整个世界仿佛撕裂开来。”德川家治（1737—1786 年，1760—1786 年在位）去世后，他的幕府很快就被推翻，因为他对封建体制的自由化改革以失败告终，被认为是一切不幸的起源。新任将军德川家齐（1773—1837 年，1786—1837 年在位）继位后，情况迅速改善。日本回归封建体制，因为人们认为灾年是神明对改革的惩罚。

与日本的情况相比，欧洲对气候恶化的反应值得进一步研究。1783 年 5 月，冰岛拉基火山开始喷发，持续了 8 个月，方圆 27 千米之内全部被岩浆淹没。拉基火山爆发向平流层释放出大量气体、火山灰和气溶胶，长期遮天蔽日。受此影响，5 月 29 日，哥本哈根出现“干霾”，随后巴黎（6 月 6 日）和米兰（6 月 18 日）也相继出现同样的现象。空气中充斥着硫黄味，人们感到睁不开眼睛、呼吸困难和头痛，中欧地区也不例外。欧洲大部分地区以及奥斯曼帝国也出现了浓重的“干雾”，太阳也因此变得昏黄黯淡。据巴拉基纳气象学会报告，1783 年夏季天空中雾霭蒙蒙，人们可以肉眼直视太阳。冰岛的酸雨导致许多地区沙漠化，农田绝收，此后多年无法耕种。整个斯堪的纳维亚半岛都受到酸雨影响，就连荷兰的植物也直接遭到酸雨破坏。一段时间过后，寒潮和干旱最终到来，农业歉收，人们患上发热和腹泻，死亡率上升。冰岛约四分之一的人口（9000 人左右）死于拉基火山爆发产生的影响。

当时有人认为，天空变暗是不祥之兆，预示着世界将面临末日般的剧变。启蒙思想家公开撰文批判这种迷信思想，代之以科学的探讨。瑞士学者对太阳光照减弱进行了具体测量，萨克森有人发现无法利用凸透镜聚光使铅融化。当时人们已经意识到“干霾”与夏季暴雨、植物被毁有关。通信技术的革新使得“干霾”和大范围变冷受到科学期刊的广泛关注和讨论。人们通过比较，提出了各种原因猜想。耶拿大学的数学教授约翰·恩斯特·巴斯琉·韦德伯格（Johann Ernst Basilius Wiedeburg）指出，据说 1709—1740 年寒冷期时也曾出现过类似的情形。美国自然科学家、发明家和通信企业家，时任驻法大使本杰明·富兰克林第一个指出冰岛火山喷发导致他双目灼痛，揭示了这种远距离影响。

我们发现，18 世纪 80 年代的极端事件发生频率堪比之前的蒙德极小期。近期有研究指出，这些都与拉基火山爆发有关。1784 年之后的十年，粮食价格上涨超过 30%。持续寒潮带来严重的雪灾和霜冻，影响了葡萄和小麦生长，并引发了洪水、畜疫——这些灾害对传统农业社会冲击最大。1783—1784 年冬季降雪尤其多，到次年 2 月底融雪时，又形成了大洪水。莱茵-美因流域的水位多次触及历史最高值，草场和田地遭到破坏，被污染的牧场又导致畜疫暴发。许多桥梁在洪水中被毁，大大小小的道路都无法通行。1784 到 1785 年的冬季也极为寒冷漫长，伯尔尼持续降雪 154 天——1962 到 1963 年的冬季极寒时也才下了 86 天雪。

法国大革命

气候事件的影响取决于社会和文化环境。火山爆发导致 1784 年之后全球主粮价格上涨，法国也不例外。不同于日本，1787 年之后欧洲和北美的情况并未好转，因为多雨和寒潮过去之后又发生了旱灾。1788 年大旱对沙俄的影响与处于封建统治末期启蒙运动中的法国有些不同。在美国，挣脱了殖民主义枷锁的欧洲移民对未来充满勇气和信心，而北美原住民则积极开展本土解放运动，他们认为这个新美洲国家的压迫是他们苦难的源头。

法国大革命爆发是多重因素共同作用的结果，包括长期、短期、政治、文化、经济和社会因素。杰克·戈德斯通（Jack Goldstone）分析得出，长期的结构性危机是引起大革命的原因。大革命爆发前 20 年，法国人口数量增加了 200 万，占全国人口的 10%。1770 年以后，耕地面积增长速度已经无法满足人口增长的需求。与英国相比，法国的农业生产方式还比较传统，在亚瑟·杨（Arthur Young）等英国旅行者看来堪称落后。此外，配套设施不完善，粮食储存能力不足，灌溉、肥料、饲料缺乏。自卡尔大帝以来推行的传统三年轮种法仍在广泛使用，从播种、收获到脱粒所有工作都由人工完成，农民的创新性极差。上述因素导致食物短缺，危机爆发的可能性大大增加。结构性危机的开端是 1770 年欧洲大饥荒，欧洲大陆包括德国和瑞士在内的广大地区都出现了营养不良和传染病。路易十五（1710—1774 年，1715/1723—1774 年在位）统治的“黄金时期”最后也深陷困境。

路易十六（1754—1793 年，1774—1792 年在位）即位时正值又一次大饥荒的开端，情况变得更加棘手。经济整体停滞，1778 年购买力下降引发经济衰退，自由主义的经济政策使得危机进一步升级。1785 年之后激进的自由贸易政策导致君主制法国关闭了国家储备粮仓，无力缓解歉收造成的影响。1787 年，政府为了维护贵族的利益放开粮食出口，这无异于雪上加霜。对于粮食生产而言，出口的利润空间更大，但也加剧了内需缺口。由于购买力缩减了 50%，来自英国的廉价工业品进一步充斥市场，法国手工业面临裁员和失业潮。政策失灵导致 1787—1788 年工业、农业和社会危机全面爆发。

上述一系列危机由于小冰期典型的恶劣气候而进一步加剧。1788 年极为干旱，此外 7 月中旬一场大冰雹又毁坏了大片土地。据英国大使多塞特（Dorset）勋爵估计，巴黎周边有 1500 多个村庄严重受损。整个法国的粮食产量相对于前十年平均值下降了 20%，大革命爆发前粮食价格持续上涨了一年多。夏季冰雹过后，1788 到 1789 年的冬季又是苦寒，经济生活趋于停摆。1789 年春季，积雪融化引发洪灾，紧接着畜疫暴发，部分地区出现了饥民暴动。许多家庭举家沦为强盗，拦路抢劫运粮的车队，或者以远低于市场价的价格“买”下。当时，粮食不得不由军队护送，城市居民对强盗和暴力团伙充满恐惧。

乞丐日益增多也带来了不小的麻烦，其中本地的穷人尚可通过赈济安抚，外来乞讨者才是真正的问题所在。关于所谓“强盗”的谣言引起了广泛的恐慌，以至于政府不得不给农民发放自卫的武器，这一现象颇具历史意义，被称为“大恐慌”。1789 年也是大旱之年，人们越来越担心情况会进一步恶化。河流干涸，作为工业发动机的水车停摆，面粉短缺导致面包价格上涨。气候当然不是法国大革命爆发的唯一原因，但历史学家恩斯特·拉布鲁斯（Ernest Labrousse，1895—1988 年）曾写道：法国大革命是一场饥饿的革命，因为投身革命的城乡居民大多数都遭了灾。有一项代表性的数据可以揭示大革命与饥荒之间的关联：1789 年 7 月 14 日，攻占巴士底狱的这一天，粮价创下了历史新高。

坦博拉寒潮、社会民主化与霍乱

历次火山喷发导致的降温事件中，最受关注的是坦博拉火山爆发，这是 1 万年来最大规模的火山活动（图 4.9）。1815 年 4 月 10 日至 11 日，坦博拉火山爆发导致全球范围内持续数年降温 3~4℃，这就是坦博拉寒潮。高强度的火山活动将大量火山灰和气溶胶送入平流层，并在数月之内扩散到世界各地。1816 年是北美和欧洲的“无夏之年”。坦博拉火山爆发还造成了其他的罕见天象、冰岛阳光消失、欧洲多国饥荒、难民潮、美国农业歉收、印度农业歉收以及瘟疫、南非干旱、祖鲁国王恰卡（Shaka，1789—1828 年，1816—1828 年在位）以及非洲南部其他地区对巫师的疯狂迫害。欧洲和美国当时主要通过技术专家治国理念来应对危机，后来这也成为西方广泛采用的做法。德国政府和下设机构拒绝接收外来饥民，必要时一度动用军事力量进行镇压，例如 1819 年以武力镇压闪族人的海普暴动。

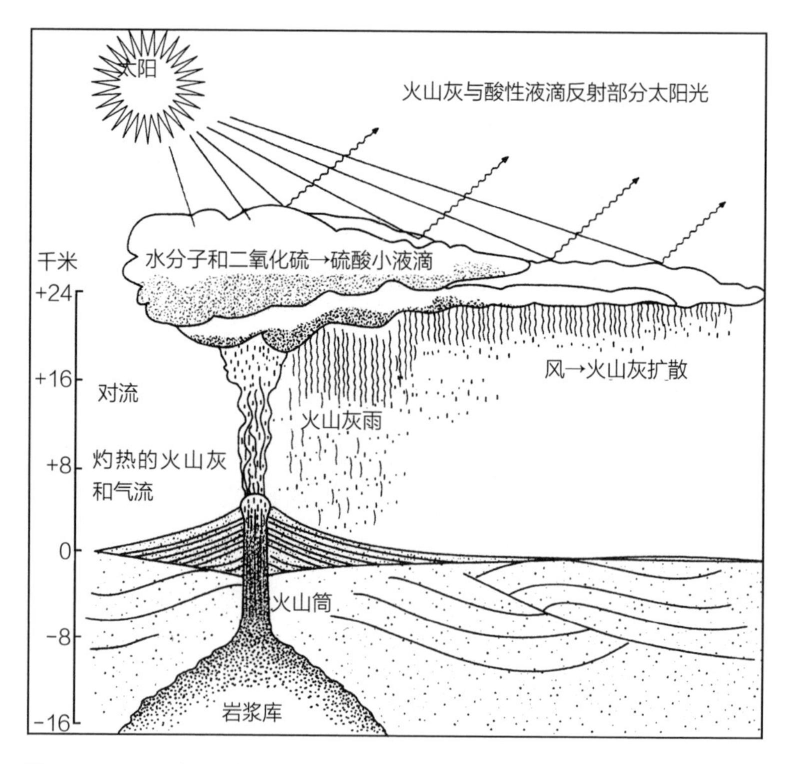

图 4.9　1815 年坦博拉火山爆发产生的大量气体和气溶胶进入平流层，引起全球变冷。此后两年内，各大洲都出现了严重的社会和政治危机。

我们应当从气候史的角度来重新审视工业化以前的贫困化现象，因为非农民底层阶级的形成可能主要由于气候引起的长期反复歉收。吸取了法国大革命和革命战争的历史教训，欧洲各国政府对动乱变得十分敏感。在经历了英国议会制改革、《人权宣言》发表、美国独立、法国大革命以及 1814 年法国颁布《钦定宪章》之后，中欧民众再也无法接受封建君主制复辟。坦博拉寒潮引起的饥荒和暴乱是巴登、巴伐利亚、符腾堡等小国政府被推翻、反对派改革力量取得优势的有利契机，从中我们可以看到气候与改革之间的关联。1818—1820 年的一系列改革推动了议会立宪制度的施行，即“早期宪政”。

14 世纪 30—40 年代的饥荒过后，欧亚和北美大陆都暴发了瘟疫。类似地，坦博拉寒潮也带来了一种特殊的传染病：霍乱。这种疾病是由霍乱弧菌引起的，患病者会严重腹泻以致脱水。霍乱首先出现在南亚次大陆，是恒河三角洲的常见流行病。坦博拉寒潮过后，霍乱经由俄罗斯传入欧洲，在此之前欧洲从未出现过这种疾病。欧洲和北美的高度城市化，加之底层卫生条件跟印度主要城市一样糟糕，使得霍乱很快就暴发了。由于霍乱弧菌寄生于肠道菌群，饮用水供应和污水处理过程中的卫生状况尤为重要。此外，贫民的穷困和食物缺乏也促进了疫病传播。

这次霍乱暴发影响巨大。仅华沙就有 2600 人染病死亡，柏林约有 1500 人（占城市总人口的 0.6%），其中包括德国哲学家格奥尔格·威廉·弗里德里希·黑格尔（1770—1831 年），巴黎约有 18500 人死亡（占城市总人口的 2%）。当时有传言称，瘟疫是由有毒的食物引起的，许多食品和饮料生产商因此遭到袭击。1832 年，霍乱可能经由海路从汉堡传入伦敦。与欧洲大陆的城市不同，伦敦当时已经建立了独立的饮水系统，因此部分地区受霍乱影响极小。1832 年霍乱从英国传入北美，一直持续到 1848 年，导致纽约超过 4000 人死亡。

饥荒、迁徙与革命

主食的多样化有助于降低歉收带来的冲击，单一栽培有时会产生灾难性的后果，其中最著名的例子是 19 世纪 40 年代爱尔兰大饥荒。致病疫霉植物病原体对许多国家都产生了影响，这种病害的来源可能是来自南美的鸟粪。在欧洲大陆，这种导致马铃薯腐烂的病菌由于干旱无法存活，而且马铃薯只是欧洲几大主食中的一种。即使马铃薯歉收，也可以通过进口或者用小麦、黑麦制品、大米和玉米来代替。一系列研究表明，潜在的危机是推动德国 1848 年改革的因素之一，虽然政府最终成功地化解了危机。

苏格兰高地的饥荒尤为严重。和爱尔兰一样，这里也出现了向美国迁徙的难民潮。爱尔兰的饥馑之所以如此严重，部分原因在于当地人以马铃薯为最重要的主食，而土地收成连续多年（1845—1848 年）下降 30%~60%。荒年第一次来临时，依靠时任英国首相罗伯特·皮尔（Robert Peel，1788—1850 年，1841—1846 年在任）及其政府的援助，爱尔兰得以安然度过，因为英国事先从美国进口了大量玉米粉。第二年再次歉收时，人们不得不动用全部储备，宰杀牲畜、出售财产。此时的英国政府也已改朝换代。新首相约翰·罗素（John Russell，1792—1878 年，1846—1852 年在任）奉行自由贸易政策，认为危机应当由市场自行调节。因此，爱尔兰的食品供应大范围中断，无数穷人死于饥饿、发烧、肠胃疾病、伤寒或坏血病。死亡率居高不下，以至于 1847 年底英国殖民政府不得不免费布施，即使达尔文主义者认为大规模死亡是自然选择的过程。根据最新估测，爱尔兰约有四分之一的人在这场饥荒中丧生，比此前所有瘟疫造成的死亡人数总和还要多。没有任何其他历史事件能像这次大饥荒一样深深地刻在爱尔兰民族的集体记忆中，这一难以磨灭的印记也跟随大量外迁的爱尔兰移民成为美洲历史的一部分。

对于许多欧洲国家而言，1848 年法国大革命引发的变革仅限于让公民享有更多自由和给予议会更大的代表权；但在日本，不久之后的寒冷期却带来了一场彻底的系统性革命。与 1783—1787 年、1833—1839 年那两次一样，1863—1869 年日本再次出现严重的歉收和饥荒，可能是超级厄尔尼诺现象带来的寒潮和强降雨影响了水稻生长。与此同时，日本与西方国家的矛盾也日益尖锐，因为后者希望日本打破闭关锁国的政策，对外开放口岸。外部压力迫使日本政府广泛征兵、提高税赋，加之国内暴动、农民起义遍地开花，最终导致德川幕府被推翻。此后许多地区拒绝纳税和服兵役，神户、大阪和江户等主要城市的政府大楼被攻占，高利贷商人的住所遭到破坏，土地登记册和借据被焚毁。1868 年，时年 21 岁的日本最后一代将军德川庆喜（1837—1913 年，1866—1868 年在位）退位。经过长达数月的混战，年幼的明治天皇（1852—1912 年，1868—1912 年在位）继位，改革派以天皇的名义启动了效仿西方的“明治维新”。

第5章

全球变暖：现代暖期

表面挣脱自然的束缚

农业革命

现在我们讨论全球变暖时，通常认为其原因在于工业化。但刚开始工业化的初衷完全不同，当时主要是为了减少饥荒，初步摆脱自然力量的束缚。工业化开始前，全球的农业产量很低，人们总体生活水平极差，一旦歉收引起粮价上涨，人们就完全无力承受。卫生条件和居住环境也不理想，公共医疗服务还处于起步阶段。结果就是人们的抵抗力普遍低下，各年龄段的死亡率都相当高。如果把婴幼儿死亡考虑在内，1700 年前后欧洲居民的平均寿命仅 30 岁，比现在全球最贫困国家的水平还要低。

为解决人口供养问题，当时采取了一系列重点措施对自然进行积极改造。其中之一便是扩大耕地面积，改善灌溉系统，这些举措显著改变了地貌。18 世纪，奥德低地（Oderbruch）等一些大型沼泽被排干，大型河流的河道被改直。以莱茵河为例，蜿蜒曲折的河道形成了很多死水湾，不便于定期灌溉农田，占用土地也较多。19 世纪末的主要水利改造工程是修建了一批大坝，代表着人类对自然的征服。修筑水坝不仅是为了储存饮水和防洪，在水力发电技术出现之后还能用于大规模发电。当然，这些创新是所有工业国的共同特征。正如历史学家大卫·布莱克本（David Blackbourn）所提出的那样，地理风貌的改变相当于对自然的第二次征服。

同时，引进新的耕作方法、粮食作物和饲料作物，实行轮作和人工追肥大大提高了农业生产效率。随着应用生物学和农业化学的发展，农业生产逐渐走上科学的轨道。人们开始有意识地改良土壤，培育适应性更强、效益更好的动植物品种。亚洲和美洲的人工栽培作物，例如玉米、水稻和马铃薯早在近代初期就已经传入欧洲，但直到 1750—1900 年间才推广种植。随着主食种类的多样化，“每日的面包”地位有所下降，现在的欧洲人已经很难理解基督教祷辞中的说法（“我们每日的面包今日赐给我们”）。此外，新技术和新设备首次大规模用于农业生产，人们可以在更短时间内开垦出更多土地，从而提升产量。19 世纪下半叶，养活迅速增长的人口已经不成问题。

卫生保健

补充营养是提高预期寿命、促进人口增长最可靠的方式。17—18 世纪的经济学理论认为，人口红利与政治实力同等重要，因此人口增长通常被列为国家发展目标之一。17 世纪之后，各国开始普遍通过隔离措施来阻止各类流行病传播，减少瘟疫的发生；另一个重要的举措是改善卫生条件。“瘴气理论”认为，有毒的“瘴气”会使人生病。这种雾气产生于各种腐烂、衰败的过程中，比如在泥潭里或其他肮脏的地方。因此，避免脏污不仅是文明的表现，还关系到生命安全。从中世纪晚期开始，许多城市都注重保持街道清洁，定期清理厕所，但直到 18 世纪以后才开始普遍铺设石子路并定期清扫。房屋建造水平的提升也有助于减少瘟疫。1666 年伦敦大火烧毁了所有肮脏的贫民窟，取而代之的是新的石制建筑，因此这座大都市再也没有出现过黑死病。

除了卫生条件改善，更好的医疗服务也十分重要。不过在这方面我们只能说是有改善的趋势，因为当时医生采用的许多治疗手段在那样的条件下会有致命的危险。由于大部分病症的病因不明，治疗最多也就是不起作用（有时还会起反作用）。但医生通常会建议病人调整生活方式，注意节制饮食，少饮酒、少抽烟；此外，最好卧床休息，由专人照料，以及最重要的一点——注意卫生。医生数量缓慢增长说明当时人们的健康意识有所增强。启蒙运动时期加强了关于病因的历史研究，一些新创立的学术杂志会对相关研究成果进行了探讨。此外，服务于疾病治疗和研究的专门机构——医院开始建立起来。

医院是启蒙运动时期的典型创举。虽然中世纪盛期和晚期已经有麻风病和黑死病收容所，但其作用是隔离，而非治疗。中世纪晚期的诊所并非严格意义上的医院，这里只收治慢性病患者，他们的病症不具有传染性。现代第一所大型医院可能是约瑟夫二世皇帝 1784 年在维也纳建立的，当时这里负责集中收治来自本市和周边地区的病人。维也纳综合医院一直存续到 20 世纪 90 年代，后来这一靠近内城区的建筑群由于建设标准落后被关闭，取而代之的是在内城区之外几千米处新建的同名大型诊所。有人批评说，维也纳综合医院主要利用病人做研究，而非治愈他们，这恰恰说明诊所具备双重功能——在科研背景下对病患进行治疗。医院的治疗首先服务于研究和医务人员培训，对传播医疗知识、优化治疗方法具有潜在促进作用。除了门诊和住院治疗，医院还提供愈后护理和助产服务。

营养、卫生、医疗等方面的改善，以及婚姻模式的变化使得人口出现了史无前例的增长。各大工业国纷纷进入人口转型期。出生率持续攀升，死亡率不断下降，预期寿命逐渐延长，最终导致人口大爆炸。目前在第三世界国家仍然存在这种现象。人口急速增长为刚刚起步的工业提供了大量劳动力，根据供需关系理论，工资水平维持在较低水平，生产成本相应也较低。劳动力市场的情况有利于工业快速发展，大型资产逐渐集中到一部分迅速崛起的资产阶级手中。工业时代的资产阶级不同于古代欧洲的市民阶层，后者在很大程度上依附于国家的各种权力集团（王权、市政府、公会、行会）；工业资产阶级更独立、更富有、自主意识更强，他们影响着本国的文化和政治生活，立宪制和 1848 年欧洲大革命就是例子。

工业革命与化石能源开采

“工业革命”这一概念最早出现于 19 世纪 40 年代，标志着人类历史上翻天覆地的变革。许多人将工业革命与新石器革命相提并论，也就是人类在进入新石器时代时从狩猎文化向农耕文化的转变。这两次历史事件之所以被称为“革命”，是因为期间取得的进步虽然是从某一地发源，但后来扩散到世界各地，彻底改变了人类的生活，再也不可能回到旧时的状态。

不过，工业革命之前的工业也不完全是个体的手工劳动。自中世纪盛期开始，我们所熟知的风车和水车就被用于工业生产。纺织工业使用冲压机、漂洗机、染色机、制革机和丝线机，冶金工业使用轮碾机、打磨机、拉丝机和锻造锤；并且英语中的“磨坊”（mill）一词在工业革命以后就被用来指代纺织作坊。早在1750年之前，在工业磨坊、矿场和制造车间工作的工人就有好几百人。但工业革命使生产实现了质的飞跃，因为生产力得到了极大提高，社会化大分工降低了产品价格。伴随着工业化进程，现代消费社会开始形成，普通人也可以实现温饱。

此时，自由思想的发源地英国再次成为科学技术转化为生产力的前沿阵地。农业革命时期，英国的先锋作用就已显现，而英国工业也不遑多让。工业革命是人类从农业社会进入工业社会的转折点，因为从事工业生产的人数越来越多。18世纪初，托马斯·纽科门（Thomas Newcomen，1663—1729年）等英国企业家就使用蒸汽机做实验。1769年，詹姆斯·瓦特（James Watt，1736—1819年）取得专利后，这种人造动力机器被用于工业生产。当时，蒸汽机使用的燃料是木材和煤炭，后者燃烧时产生的温度更高。为了造船，大不列颠岛上的森林在古希腊罗马时期和近代早期就已经被砍伐得所剩无几，因此早期蒸汽机的主要动力来源是煤。由于木材短缺，普通家庭也不得不用煤取暖，因此 17 世纪英国已经开始系统开采化石能源。工业化开始时，英国人早已习惯空气中弥漫着的煤炭气味，只不过此后煤炭的消耗大大加快。此外，煤炭和焦煤还用于炼铁。随着工业化的推进，对钢铁的需求也进一步增加。

有别于普遍的认知，工业革命并非始于蒸汽机的问世，而是经过一段时间后才与这件新发明产生关联。英国工业革命的主要领域是纺织业，特别是棉纺织业。1585 年，一群织工在西班牙围困安特卫普（Antwerpen）时迁往英国，带来了棉纺织业。作为原料的棉花需要从地中海国家进口。不过直到 17 世纪，英国本土的棉纺织品产量仍然很低，伦敦出售的大部分棉纺织品都来自印度。美洲开始种植棉花后，1700 年英国立法禁止从亚洲进口纺织品。棉纺织业最早以散工制的形式组织生产，企业主将原材料分发给织工，后者自行完成生产。通过这种方式，形成了更加成熟的分工体系，这是原始工业化阶段的典型特征。

1733 年，约翰·凯伊（John Kay）发明了“飞梭”，上述生产方式开始发生变化。18 世纪 30 年代还出现了珍妮纺纱机，可以与其他机器组合，由发动机来驱动。其发明者认为，珍妮纺纱机可以通过畜力、水力或风力驱动，并且也可以在工厂里达到最高运转效率。理查德·阿克莱特（Richard Arkwright，1732—1792 年）建造的厂房是现代化大生产的诞生地。1789 年，英国有 240 万台纺纱机投入生产，由于成本原因，这些机器几乎全部由水力驱动。纺织品加工所使用的大批机器需要大量标准化的木制和金属零件，与之相关的机械工业因此得以形成。

蒸汽机的广泛应用

詹姆斯·瓦特和理查德·阿克莱特在同一年取得了各自的第一项专利，但直到 20 年后，第一台蒸汽机才进入阿克莱特的工厂。在这期间，瓦特改良的蒸汽机已经成为广泛使用的动力机器，但从整个 18 世纪到 19 世纪早期，大部分工厂仍然使用水车驱动——原因在于水力不仅成本更低，19 世纪 20 年代以前木制的水车效率也比蒸汽机更高。1800 年以后，蒸汽机的普及主要得益于冶金工业的繁荣，这时的蒸汽机造价更低，稳定性也更好。

从托马斯·纽科门开始，蒸汽机主要用于煤矿开采行业。此前，直到 17 世纪末期煤矿一直使用马拉转子驱动水泵，靠人力配合在井下抽水。纽科门发明的蒸汽泵大大提升了操作便利性，因此很快得到推广。1780 年前后，约有近 1000 台纽科门蒸汽泵投入使用。这些机器需要消耗大量煤炭，不过煤矿主对此毫不在意，因为与喂马所需的饲料比起来，这点燃料随手可得。虽然瓦特蒸汽机能源使用效率更高，但这完全不在煤矿主的考虑范围之内。由于市场对改良蒸汽机的需求不足，瓦特一度濒临破产，幸好后来遇到了五金件制造商马修·博尔顿（Matthew Boulton，1728—1809 年）。博尔顿瓦特公司的目标客户是锡矿和铜矿开采商，因为煤炭对他们来说没那么容易获取。真正的突破出现在瓦特将机器连杆的直线运动改为环形运动之后，从此改良蒸汽机成为广泛使用的动力机器。

1800年前后，冶铁和采矿行业先后进入机械化时代。对螺栓、螺母、齿轮、工具、钢筋、铁轨等的需求日益增长，光靠人工生产已经无法满足。金属加工的专门化需要独立的机床产业，同时批量生产对运输能力提出了更高的要求。为提高运力，先是开凿运河，随后对交通网络进行了整体升级。移动蒸汽机时代来临，蒸汽船和蒸汽火车相继问世。制造这些交通工具（以及武器）需要更多的铁和燃料，因此进一步推动了工业化。新的交通方式有利于纺织品出口，反过来又促进了生产。

工业革命使英国一跃成为世界经济中心。不久后，英国以外的国家和地区也形成了工业区，如苏格兰、比利时、法国北部、瑞士、德国莱茵兰和威斯特法伦、萨克森和西里西亚、波希米亚、维也纳盆地、匈牙利、意大利北部以及美国东北部。尽管20世纪出现了更多竞争对手，欧洲和美洲的这些老牌工业区直到现在仍然是世界经济中心。19世纪上半叶，以煤炭为燃料的蒸汽机开始普及，1838年有超过3000台投入使用。与此同时，蒸汽机的功率从10马力（公制）提升到50马力，越来越多的纺织厂开始采用新机器。当时，纺织厂约有75%的动力需求是通过燃煤蒸汽机来实现的，它们是最主要用户，其次是采矿、铸造和钢铁工业。另外，英国也开始收到来自国外的订单，博尔顿瓦特公司就有欧洲大陆和印度的客户。但整个欧洲大陆的蒸汽机总量都不及英国国内的数量，短短几十年之内，英国就成为“世界工厂”。

1880 年前后，工业排放可能还未对全球环境造成影响。即使有，与“自然的”气候波动相比，这种影响也很小。小冰期进入新一轮极寒，印度尼西亚喀拉喀托火山岛活动使之雪上加霜。远程通信技术的迅速发展将火山喷发的消息传播到世界各地。1884 年，寒潮引发农业减产，但各大工业国普遍生产过剩，因此受到的冲击很小。

铁路时代的煤炭消耗

从一开始，工业化就对环境产生了巨大影响，不过主要影响范围是工业区周边。除了滥砍滥伐，工业化还会产生废物、废水、废气和噪音。此外，新建工业设施、街道、铁路、运河、工人住所都需要大片土地。这些变化不受政治体制左右，无论法国是帝国、王国还是共和国，对原材料和环境的消耗都没有区别。

英国工业革命开始于纺织业，欧洲大陆的工业革命则围绕铁路建设展开。随着铁路的出现，欧洲国家第一次有机会在工业发展水平方面追赶英国。与修筑公路和运河相比，修建铁路所占用的土地面积并不大，铁路运输不受天气影响，运输排班可以实现标准化。1825 年，斯托克顿（Stockton）至达灵顿（Darlington）的首条铁路线开通，1830 年大型工业城市曼彻斯特与伯明翰之间也有铁路相连，随后欧洲大陆的铁路运输迅速发展。1835 年，位于巴伐利亚王国、连接纽伦堡和菲尔特（Fürth）的德国第一条铁路线投入运营；1839 年，萨克森州的莱比锡（Leipzig）-德累斯顿（Dresden）铁路建成。19世纪中期以来，铁路线逐渐发展成铁路网，不断有私营铁路被收归国有。铁路网络很快覆盖整个欧洲大陆，从比利时延伸至意大利。1870—1910年掀起了铁路建设的高潮，这一阶段铁路完全由政府管理。

从最初开始，铁路的修建和运营一直离不开燃煤蒸汽机。1800年，英国的煤炭消耗量大约在每年1100万吨，到1830年这个数字翻了一番，而铁路的诞生极大地增加了煤炭消耗。1870年，消耗量已经达到1亿吨。随着比利时、法国、德国，以及后续的波兰、俄罗斯相继开始在国内开采煤矿，煤炭产量也迅速增长（表5.1）。

表5.1　全球煤炭产量

年份	产量（亿吨）
1860	1.32
1880	3.14
1900	7.01
1920	11.93
1940	13.63
1960	18.09

石油地位上升

这一时期，石油是除煤炭之外的第二大化石能源。早在古希腊罗马时期，某些地方自然冒出地表的“石油”（希腊语

Petroleum）就有多种用途。古代美索不达米亚地区用石油来密封船体，中国用它来照明，中世纪用石油入药，1857 年布加勒斯特（Bukarest）街上的路灯也靠石油来点亮。时隔两年，1859 年美国实业家埃德温·德雷克（Edwin Laurentine Drake，1819—1880 年）在宾夕法尼亚州泰特斯维尔（Titusville）附近开凿了第一个具有经济价值的油井，引发了第一波“石油热”，使石油成为工业原料。随着电力广泛应用于照明，19 世纪 90 年代石油的地位再次下降，但同时它的新用途被发掘出来——用来炼制汽油。

尼古拉斯·奥托（Nikolaus Otto，1832—1891 年）发明了内燃机，对石油产生了长期需求。19 世纪 80 年代晚期，戈特利布·戴姆勒（Gottlieb Daimler，1834—1900 年）和卡尔·本茨（Carl Benz，1844—1929 年）发明了汽车，内燃机逐渐取代传统的蒸汽机。1908 年，亨利·福特（Henry Ford）推出的 T 型车使汽车进入量产时代。引入流水线之后，截至 1927 年至少有 1500 万辆 T 型车被生产出来。20 世纪上半叶，美国作为石油生产大国，汽车保有量超过全球其他国家的总和。虽然欧洲的汽车制造商也不少，但它们的销售总量不敌福特一家。半个世纪之后，1972 年，大众甲壳虫才打破福特 T 型车的生产记录。

承前启后的 20 世纪 50 年代

从汽车产量可以看出，20 世纪燃料消耗只是逐渐增加，20 世纪 50 年代石油取代煤炭成为最重要的化石能源之后才出现质的飞跃（图 5.1）。这一点通过许多指标反映出来，例如油船的装载量。20 世纪 30 年代以后，不仅油船的数量翻了好几倍，每艘船的容量也从最初的 2 万吨左右增加到近 40 万吨。能源需求的跨越式增加与人们不断开发出石油的新用途有关。例如，石化工业生产的人造材料广泛应用于日常生活和工业生产。20 世纪 50 年代，塑料开始取代纸张、木材、玻璃和金属等传统包装材料。“石油热”出现的另一个原因是生产燃油，第二次世界大战之后燃油逐渐取代了煤炭。石油生产成本更低、加工过程更清洁、用途更广，但它的最主要用途仍然是用于生产动力燃油。

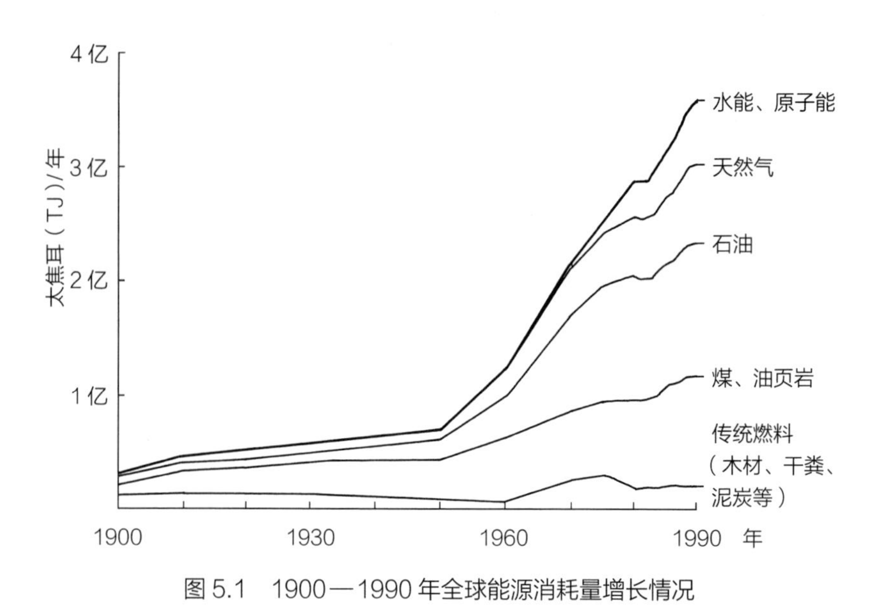

图 5.1　1900—1990 年全球能源消耗量增长情况

第一次世界大战首次动用了汽车、坦克、飞机，石油的战略意义开始凸显。因此，当时欧洲各大国迫切希望瓜分奥斯曼帝国，因为近东地区大部分石油矿藏都在奥斯曼帝国境内。20世纪50年代，海湾地区发现石油富矿之后，美国迅速插手伊朗、伊拉克、阿联酋和沙特阿拉伯事务，通过经营许可的方式来保护美国石油大亨的利益。此外，美国还明目张胆地策动伊朗政变，推翻了民选总统穆罕默德·摩萨台（Mohammed Mossadegh，1882—1967年，1951—1953年在任），因为他对英伊石油公司（Anglo-Iranian Oil Company，后改名为“英国石油公司”）垄断开采提出质疑，推动了石油开采权国有化。自那以后，20世纪因石油而起的战事不断，比如众所周知的三次海湾战争，以及通过“持有大规模杀伤性武器”这样蹩脚的借口推翻伊拉克统治者萨达姆·侯赛因。

20世纪50年代，空中交通开始繁荣。虽然汉莎航空等民用航空公司早在20世纪20年代就已经成立，但飞行最初只是一小部分上层人士的专利。当乘飞机出行成为商务惯例时，机票价格开始下降，更多人可以负担得起。20世纪70年代大众旅游的兴起带动了更多乘客，飞行距离和飞机容量迅速增长。相比之下，人均能耗增长更快，因为一架核载300人的飞机所消耗的发动机燃料几乎相当于1万辆甲壳虫汽车。

1860—1985年间，年能源消耗量增长了60倍，不过增速最快的时期是20世纪下半叶。曼海姆（Mannheim）环境科学家耶恩·西格勒施密特（Jörn Sieglerschmidt）认为，20世纪50

年代是人与自然关系的转折点。几十年间，人们一度看似摆脱了经济和环境的古老规律。价格低廉的能源促进了城市的扩张，工商业区逐渐发展起来，消费品供应体系全面覆盖，汽车的普及使得人们活动范围扩大。普菲斯特称为“环境史上工业社会向消费社会的转折点”。此时，高能耗消费品开始进入千家万户，比如电灶、洗衣机、冰箱、吐司炉、冷柜、微波炉、洗碗机、吸尘器、电熨斗、电动牙刷、电吹风、烘干机、收音机、电视机、电唱机、录音机、录像机、电脑、复印机和扫描仪。从此，家家户户都成了“电器仓库”。地下室、车库和收纳间里有各种设备：钻机、电动螺丝刀、电锯、割草机、篱笆修剪器等，每个房间都有电暖炉和好几盏灯——20 世纪初这些机器都还没有被发明出来，即使 20 世纪 50 年代以前相关的技术已经出现，大部分人对它们也都不熟悉。在 1973 到 1974 年第一次石油危机之前，人们使用这些电器时完全不会考虑到节约能源。石油输出国组织（OPEC）各成员国突然提高油价之后，节能发动机、替代能源、保温等才成为严肃的话题。

“石油热”产生的排放使得环境问题呈指数级增加。城市扩张和环境污染的负面影响迅速凸显，但有一个更加严重的后果是人们最初完全没有预料到的：煤、石油和天然气的燃烧会释放出化学成分，也就是数百万年前，地球历史上的“碳时代”沉积在地底深处的物质。为人类提供能源的并非矿物质，而是早期的生物和有机体，或者按照环境历史学家罗尔夫·彼得·西弗利（Rolf Peter Sieferle）的说法：“地下森林”。木材燃烧时释放的碳来自自然界的碳循环，最后在植物生长过程中又被吸收；而化石能源燃烧释放的碳来自 3 亿年前枯死后埋入地下的“碳森林”。这些额外排放的碳无法被地表的植物吸收，而是以各种形式进入大气层，例如形成示踪气体二氧化碳。20 世纪 50 年代以来，我们见证了大气中的二氧化碳、甲烷和氮氧化合物含量成倍增长。1950 年，氟氯碳化物问世。这些示踪气体会引起全球变暖，因此被称为“温室气体”。

人口大爆炸

如果要对人类活动造成的环境和气候影响进行评估，仅仅关注冰芯样本中示踪气体的变化情况是不够的。另一个重要指标是人口数量，因为土地和能源消耗都与之相关。关于全球人口数量变化目前有一些可靠的预测，并且随着时间推移其准确性不断提升。约 1 万年前，新石器革命前夕，也就是狩猎采集时代即将结束时，据卡罗·奇波拉（Carlo Cipolla）估计全球生活在宜居区的人口在 200 万 ~2000 万之间。1750 年前后全球人口大约是 7.5 亿，这是农业社会人口数量的最高峰。1850 年，全球人口约为 12 亿，工业化的食品生产使得人口持续增长。1900 年，全球人口达到 16 亿；1950 年，根据《联合国人口年鉴》，全球人口约为 25 亿，1975 年这一数字增加到 40 亿。

2000 年，世界人口超过 60 亿，但增长率的峰值出现在 1970 年（2% 以上）。按照当时的预测，2050 年全球人口将达到 120 亿 ~150 亿，但与此同时部分发展中国家开始实施有计划的人口政策。中国作为全球人口最多的国家，20 世纪 70 年代开始实行计划生育政策，此后出生率下降了约三分之二（从 3% 降为 1.2%）。亚洲其他国家和拉丁美洲也开始限制人口增长，而非洲则完全不加以控制，只有疟疾和艾滋病等传染性疾病可以影响人口数量。相比之下，欧洲和北美各大工业国虽然接收了大量移民，人口数量仍然略有下降。随着人口增速回落到 1.4%，并且出现了进一步下降的趋势，联合国修订了此前对人口增长的预测。根据新的预测，到 2050 年全球人口总量约为 90 亿人。

对文明的批判与增长上限显现

对工业化的批判与工业化本身一样由来已久。这种批判有时针对社会的畸形发展，例如 18 世纪破坏机器运动、社会主义运动和共产主义运动；有时则演变成对文明的全面批判，例如浪漫派和无政府主义。此外值得一提的还有早期生态运动的“赤脚先知”：20 世纪 20 年代乃至第一次世界大战之前，这个群体就跳出工业社会的机制，对剥削自然和劳动力的行为提出了反对。在现代化范例占据主导地位的时期，人类对环境的影响日益增强，以至于工业化、滥砍滥伐、环境污染成为全球性的问题。20 世纪 60 年代人类进入太空，也第一次从太空中拍摄到地球影像，直观感受到我们的生态系统与宇宙相比是何其脆弱。因此，探月之旅对于激发人类的环保意识具有重大意义。

20 世纪 70 年代初，一个由科学家、政治家和工商界领袖组成的团体“罗马俱乐部”发起讨论，对现代化建设者那种压倒一切的进步乐观主义提出了最有力的反对。罗马俱乐部成立于 1968 年，发起人是罗马实业家阿涅尔利·佩切伊（Aurelio Pecceri，1908—1984 年）。1972 年，以未来学家丹尼斯·L. 梅多斯（Dennis L. Meadows）为首的一群科学家向罗马俱乐部提交了一份报告，通过大量数据和发展分析指出“增长上限”的存在。报告中还提出了世界体系的五大全球趋势，并分析了它们的相互作用，这五种趋势分别是：工业化加速，人口高速增长，全球粮食安全，过度开采原料以及持续破坏生存空间。报告的作者们认为全球资源枯竭近在眼前：地球的煤和石油矿藏形成于 3 亿年前“碳时代”的漫长地质过程，将在 200 年内消耗殆尽，化作缕缕青烟（图 5.2）。

由此产生了广泛的政治影响。罗马俱乐部认为，应当有意识地控制增长、建立新型社会，以社会公平、人权以及人与自然新的和谐为目标。但报告并未阐明如何在经济自由化的背景下，让全球近 200 个各自为政的国家达成上述目标。报告还提到，“持续高速增长每一天都在将世界体系推向发展极限。如果什么都不做，事实上就等于放大破灭的危险。”和其他对文明的批判一样，罗马俱乐部也带有某种社会乌托邦色彩；它的独特之处在于其成员来自社会核心圈，即声名显赫的科学家、商人和政治家。

回顾关于增长上限的讨论，我们可以看到其中的矛盾所在。一方面，工业发展的速度不断提高。拉丁美洲和亚洲越来越多

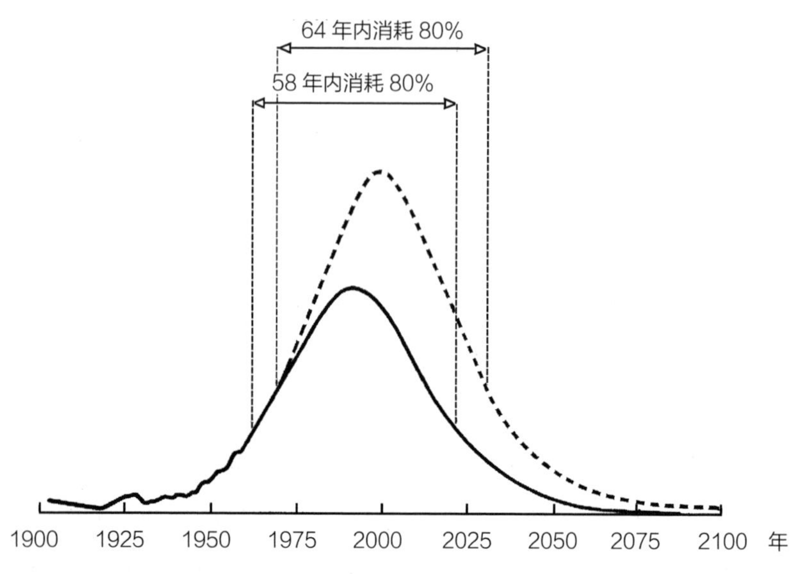

图5.2 金 · 哈伯特（King Hubbert）绘制的石油时代图，《地球的能源资源》，1971年。

的门槛国家[1]发展成为现代工业国；全球人口增长放缓，吃饭问题有所改善，环保成为发达国家的既定方针。但对自然的过度利用仍然存在，原材料消耗加快。现代文明之所以还没有结束，是因为人类还在不断发现新的资源。自相矛盾的一点在于，恰恰是永久冻土的出现和洋冰的融化为人类带来了开采化石能源的新机遇。现在看来，罗马俱乐部应该算是一群假预言家，因为他们所说的灾难并未出现。另一方面，原料，特别是化石能源早晚会枯竭，这一说法仍然正确。罗马俱乐部的贡献在于

① 又称“转型国家”，指正在向工业国过渡的发展中国家。——译者注

较早地指出了这一点。至于温室气体的问题，当时还没人提出。

发现全球变暖

早期温室理论

20 世纪 60 年代，人们还在纷纷讨论新的冰期即将到来，十年之后就发现了全球变暖——更确切地说是“重新发现”。早在 19 世纪初，法国物理学家傅立叶男爵让·巴普蒂斯·约瑟夫（Jean-Baptiste Joseph，1768—1830 年）就提出疑问，地球的气温究竟是由什么决定的？他发现了大气层的作用，将其比作温室，因为太阳光照带给地球的一部分热量会被大气层通过某种方式保留下来。1859 年，爱尔兰物理学家约翰·丁达尔（John Tyndall，1820—1893 年）发现了所谓的“温室气体”。他断定，空气的主要成分氧和氮允许太阳辐射通过，而二氧化碳不能；由此地球才能保持一定的温度，适于生命存续。丁达尔设想，可以借助这种效应来解释历史上的气候变化，比如当时刚刚被发现并引起热烈讨论的大冰期。丁达尔认为，空气中水蒸气的减少导致温室效应减弱，因此形成了小冰期。

1896 年，后来的诺贝尔化学奖获得者斯万特·奥古斯特·阿累尼乌斯（Svante August Arrhenius，1859—1927 年）提出了工业化过程中碳排放增加的问题。比起对未来的消极预测，这位斯德哥尔摩教授对小冰期产生的原因更感兴趣。在他之前不久，英国地质学家詹姆斯·克洛尔（James Croll）提出了“反馈理论”：冰川的扩大提高了阳光反射率，引起进一步降温，从而导致风向和洋流的改变。克洛尔发现了反照效应，并建立了复杂的气候模型。一旦冰期来临，模型将自动运行。阿累尼乌斯通过测算得出结论，如果大气中二氧化碳含量减半，气温将下降 5℃。这种情况出现的可能性很小，但根据克洛尔的反馈效应可能会引起气温螺旋式下降。

在计算机乃至计算器发明以前，计算是一项高强度的笔头工作。阿累尼乌斯曾经询问同事，大气成分是否有可能出现更大变化。阿尔维德·霍格波姆（Arvid Högbom）由此开始计算工业和生活用煤产生的碳排放量。与空气中本来存在的二氧化碳相比，这个数字并不大，但必定会日积月累。阿累尼乌斯也沿着这个思路开始计算，最后得出结论：如果空气中的二氧化碳含量增加 1 倍，全球气温将上升 5~6℃。不过他并未因这一结论感到担忧，毕竟斯堪的纳维亚半岛变得暖和一点也没有什么坏处。此外，他认为这样的变化至少得数千年才会成为现实。阿累尼乌斯怀有那个时代典型的技术乐观主义态度，认为工程师的发明和发现可以解决一切问题，能带来更加美好、公正的未来。他提出了一个奇特的理论概念，一个思维实验，但他并不认为自己是第一个发现的全球变暖现象。

大约在阿累尼乌斯启动计算工作时，小冰期趋近尾声。泰晤士河最后一次封冻过后，全球开始普遍升温，米兰科维奇提出了关于气候变化的天体运行轨道波动理论。20 世纪 30 年代，美国南部发生旱灾，形成了尘暴区（Dust Bowl），此后人们开始关注这一趋势。1938 年，盖・斯图尔特・卡伦得（Guy Steward Callendar）再次将目光投向全球变暖问题，1956 年，吉尔伯特・普拉斯（Gilbert Plass）通过气候模型首次提出了“气候变化的二氧化碳理论”，1957 年，查尔斯・基林（Charles Keeling）借助“国际地球物理年”推动地理学和气候学持续跨越式发展这一契机，发布了一个为期数年的测量项目，使他名声大噪。基林的测量旨在证实空气中二氧化碳含量的季节性波动，从而在一定程度上揭示一年中生物圈的呼吸节律。他将测量点选在了夏威夷莫纳罗亚火山（Mauna Loa）附近，这里远离城市和大陆，环境未受污染。令人意外的是，这种年度节律伴随着另一因素的变动，那就是大气中二氧化碳含量的持续增加。现在，所谓的“基林曲线”已经成为气候研究必不可少的工具，因为它充分展示了大气中温室气体的累积过程（图 5.3）。

根据基林的测量数据，最初空气中二氧化碳含量在 315ppm（百万分比浓度）左右，到 1970 年时上升至 325ppm，1980 年达到 335ppm。此后，为了确认二氧化碳含量的增长情况，他不断重复测量，得出的结果也持续上升：1995 年为 360ppm，2005 年达到迄今为止的最高值 380ppm。期间他尝试测量更长期限内的二氧化碳含量增长，1870 年小冰期接近尾声时测量值为 290ppm，但这一数字的准确性存在争议。

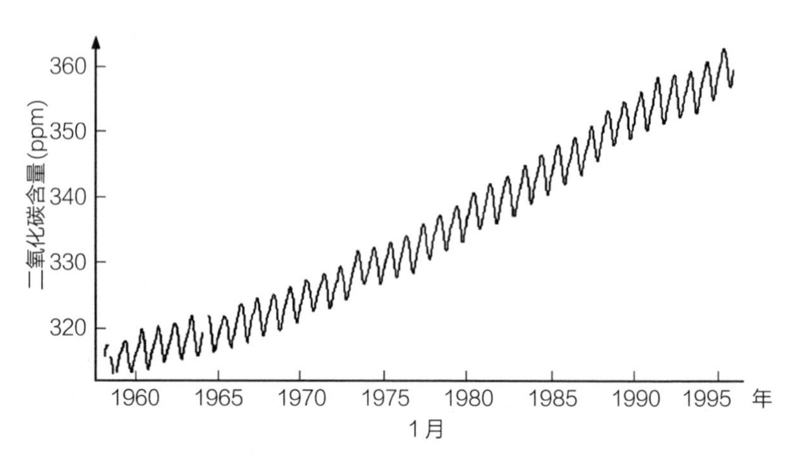

图 5.3　基林曲线是气候研究的“法宝”之一，它首次清晰展示了大气中二氧化碳含量的增长。20 世纪 60 年代以后，随着测量数据越来越丰富，基林曲线不断修正。

全球变冷：对新一轮冰期的恐惧

然而，气温变化与预测并不相符。根据温室理论，20 世纪 60 年代本该变得更热，事实却正好相反。虽然 1880—1940 年间，气温与最低点相比上升了 0.6℃左右，但不知为何后来又拐头向下（图 5.4）。由于 1940 年之后气温持续下降，早期关于全球变暖的测算和理论都逐渐被忽略。因为人们忽然发现自己面对着从未预料到的极其危险的情况：持续数十年的降温，即“全球变冷”。

20 世纪 60 年代初，人们开始思考即将到来的小冰期。无论是测量数据还是现实情况都显示，大幅度升温不太可能出现。

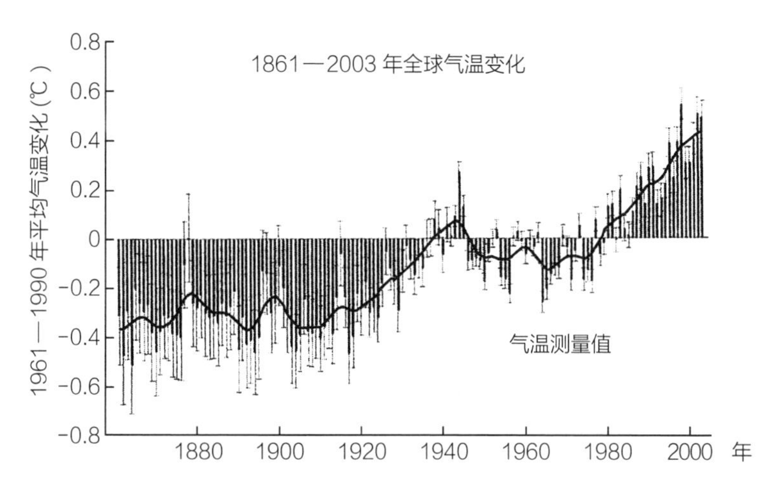

图 5.4　从小冰期到气候变暖。19 世纪 90 年代以来，气温显著上升，但 1945—1975 年穿插了一段寒冷期。

最早开始这方面研究的是美国气象局气候专家 J. 默里 · 米切尔（J. Murray Mitchell），他将气候数据与当时的原子弹试验数据以及火山喷发数据进行了对比。和火山喷发一样，原子弹爆炸产生的灰尘也会留在大气层中。平流层中的火山灰引起全世界范围内连续数年气温下降，但未能影响 20 世纪第一个十年气温上升，也无法解释 20 世纪中叶的变冷趋势。这一轮全球平均气温回落并不是一种随机变化。米切尔在研究中看到的正是不久前发现的新仙女木期气候波动，即 12000 多年前气温在短短数年内下降了 10℃，后续引发了上千年的寒冷期。这样的小冰期是否近在眼前？

20 世纪 60 年代，气候学者们对即将到来的小冰期深信不疑。除了最新的环境研究，还有其他方面的原因——随着全球冰川扩大，冰川学成为一门独立学科。此时，极地冰盖的冰芯样本研究才刚刚开始。根据研究，冰期和暖期不仅在地质时期交替出现，在大冰期之内也会出现或长或短的寒冷期，即冰期和间冰期。持续10万年的全新世暖期已经算特别长的了，第四纪期间其他的暖期通常只有1万年左右，米兰科维奇周期中剩下的9万年完全处于不同程度的寒潮影响之下。近20年里全球平均气温有所下降，从覆盖全球的测量体系中获取的数据证实了这一点。这是否意味着，温暖期已经过去，世界进入了新的寒冷期？

1972年，一群顶尖冰川研究学者齐聚于布朗大学，探讨当前间冰期接近尾声、新的冰期即将到来的问题。绝大部分专家一致认为，间冰期通常持续时间较短，而且会突然结束。对于米兰科维奇周期，他们也持有相同的看法，认为："毫无疑问我们所处的温暖期即将结束。"其中最重要的依据是，气候尤其敏感的极地地区也开始变冷。这些顶尖的气候学者们相信，"目前全球变冷刚刚开始，20世纪40年代以来的温暖趋势将出现反转。"如果人类无法阻止气候变冷，那么全新世暖期将到此结束。

探寻变冷的人为原因

在寻找全球变冷的原因时，人们不仅考虑到自然因素，也分析了人为原因。例如，工业生产以及越来越多的燃油私家车造成空气污染：西方工业国大量生产卡车和轿车，汽车很快成为家家户户的必备品。苏联和部分东欧国家的工业化也迅速推进，印度、中国、巴西等发展中国家同样开始了工业化进程。20 世纪 60 年代，煤和石油的消耗量达到空前之多，产生的废气未经处理就直接排放。

部分学者认为，全球变冷实际上是人类活动造成的，人口增长、快速城市化和工业化对环境产生的影响不亚于“自然过程”。由于“过滤器效应”，到达地球表面的太阳光照不足，因此气候变冷，这一过程被称为“全球变暗”。与人为排放二氧化碳相比，空气浊度产生的影响更大。虽然空气中的灰尘可能来自沙尘暴或林火等自然现象，但更多的是由大城市、重工业和汽车、飞机等产生的交通废气造成的，特别是航空废气导致云量显著增加。从某种程度上来说，各种人为因素层出不穷，令“自然”原因产生的影响相形见绌。

云雾增多导致空气浊度上升、太阳光照减少、全球气温下降。20 世纪 40 年代到 1970 年，全球气温下降了 0.3℃左右。米切尔了解地球历史上所有“自然”气候变化，但 1970 年他表示，人类活动是引起过去几十年来气温变化的主要原因。20 世纪 40 年代，有学者曾指出二氧化碳等温室气体造成了气候变暖。此后，人们主要关注的是空气污染导致气温下降，而非温室气体的影响。但米切尔对此提出质疑：空气污染是否真的有如此威力，可以造成 20 年内气温下降 0.3℃？同时他还指出，火山喷发会造成气温下降，并据此预测全球将进一步变暖，这在当时是令人惊讶的。

气候研究成为政治未来学

随着电子数据处理技术的出现，人们不仅尝试预报天气，也开始预测气候变化。1969 年首次登月成功之后，哨兵三号卫星被用于测量全球气温。不过，涉及大量变量的复杂气候模型计算法直到 1970 年左右才出现。1971 年，一些一流科学家呼吁警惕全球气候变化的危险，为相关研究提供了有组织的支持。同一时期，沉积物研究和冰芯研究的精度不断提高，准确揭示出地球历史上存在过剧烈气候波动。1972—1974 年，旱灾以及其他一些异常现象引发了人们对气候的关注，也引起学者的进一步担忧，其中对小冰期即将到来的忧虑远甚于全球变暖。由于 20 世纪 60 年代气候变化和全球变冷成为热门话题，在 1972 年斯德哥尔摩第一次人类与环境会议上，联合国环境规划署成立，并决定建立全球环境监测系统，以便观测温室气体和放射活动对天气、人类健康以及动植物的影响。

这一时期，全球各地相继出现极端气候事件，引发农业减产、饥荒甚至政治动荡，美国等国政府因此更加关注气候问题。以 20 世纪 70 年代旱灾为例，它不仅造成撒哈拉沙漠以南广大地区的饥荒，也引起了埃塞俄比亚政变，古老的基督教王室被推翻，取而代之的是马克思主义政党。当时正处于冷战时期，埃塞俄比亚政变意味着在苏联和美国的全球较量中出现了力量变化，具有重大意义。1974 年 4 月 15 日，时任美国外交部部长的亨利 · 基辛格在联合国发言时敦促全球加强对气候变化的研究。

同年，当前间冰期特设委员会迅速成立，并得出了一个现在看来十分令人惊讶的结论：自然气候每年降温 0.15℃，到 2015 年将下降到 0℃！之后的二三十年略微回暖，2030 年升温幅度达到峰值，大约每 10 年上升 0.08℃。随后的一个世纪内不会有太大波动，然后气温将再次下降。这一荒谬的预言表明了迄今为止各种气候预测的难点所在：它们的结果取决于基础预期和设定、所使用的变量以及输入的数据，1974 年的预测无论从方法上还是内容上都不尽如人意。

1978 年，美国国会宣布了一项国家气候计划，敦促各国通力合作，在 1980—2000 年内进行气候机制研究，此后全球开始广泛开展国际合作。当时的学者们颇为自得，认为自己虽然预测不准，但产生了积极的影响，“打击了普遍的自满情绪，并给全球敲响了警钟。”

面对这样自鸣得意的态度，我们不得不提到他们所讨论的应对全球变冷的切实举措。当时危险并没有马上到来，如果气候变化即将让全球陷入巨大的危机，难道不应该迅速采取技术手段来应对吗？具体的计划包括修筑大坝、封锁阿拉斯加和俄罗斯之间的白令海峡，从而调节全球气候。1960 年，肯尼迪（John F. Kennedy，1917—1963 年，1960—1963 年在任）在总统竞选时对这一措施颇感兴趣。尼克松（1913—1994 年，1969—1974 年在任）担任总统期间，命人认真研究了白令大坝项目。1974 年 11 月，福特总统（1913—2006 年，1974—

1977 年在任）在符拉迪沃斯托克（海参崴）会见勃列日涅夫（1906—1982 年）时也讨论了这一议题。在应对全球变冷的种种提议中，修建白令大坝还算是危害较小的一个。

另一个热议的设想是，在极地冰盖表面增加深色覆盖物以降低反照率；或者采用现在看来极具创意的做法：通过增加二氧化碳排放来增强温室效应。当时呼声较高的方案还包括在空气中混入金属粉尘，在挪威和格陵兰岛之间以混凝土浇筑堤坝，将巨型镜子送上地球轨道，或者在地球周围用钾粉制造出人工“星环”。军方也提出了一些设想，例如：使用原子弹对丹麦法罗群岛（Färöer-Inseln）西南部的海底山脉进行爆破，将暖流送入北极地区；通过核反应令格陵兰岛升温；或者用氢弹使极地冰川融化。这些设想现在听起来像奇异博士的脑洞，当时也遭到了普遍质疑，很少公开讨论。但如果气候进一步变冷，这些可以作为备用方案。

全球变暖新路径以及关于其原因的争论

真锅淑郎（Syukuro Manabe）和 R.T. 韦泽拉德（R. T. Wetherald）曾预测，空气中的二氧化碳含量增加 1 倍，将导致气温上升好几度。1970 年，真锅淑郎进一步提出，基于碳排放的增加，到 20 世纪末气温将上升 0.6℃。1975 年，繁荣的空中交通产生的废气和阴霾引发了一项针对其环境影响和大气中示踪气体的研究。该研究发现氟氯碳化物对臭氧层产生了危害，并且可能导致温室效应。随着人们的环境意识增强，对毁林以及人类干预生态系统的其他活动所产生的影响逐渐引发关注。部分学者还在考虑如何对大气进行人工加温，但另一部分人开始提出，人类是否正面临全球变暖。

1977 年前后，科学界达成了新的共识：全球变暖才是更加迫在眉睫的危险。次年，美国颁布《国家气候计划法令》（*National Climate Program Act*），启动了一个相关研究项目，并给予大量资金支持。同年，斯蒂芬·施耐德创立了第一本气候变化领域的专业杂志《气候变化》（*Climatic Change*）。1979 年，美国国家科学院确认“二氧化碳含量翻倍将导致全球升温 1.5~4.5℃”。

里根总统上台后，气候研究界与美国政府之间的关系变得紧张，因为后者对全球变暖的预言持怀疑态度。不过，学者们完全不理会政治上的条条框框，认定温室气体尤其是二氧化碳是气候变暖的元凶。这主要是由于 1981 年成为有记录以来最热的年份，格陵兰岛气温也显著上升。全球变暖已经被视为不可否认的趋势。部分国家政府，特别是美国、澳大利亚和英国，开始酝酿应对气候变化的措施，例如在水资源管理、水上交通和农业方面进行改革。

20 世纪 80 年代以来，媒体不断宣传全球各地的气候灾难，来吸引公众眼球；但其中也有关于气候变化演进情况的客观信息，例如高山冰川和极地冰盖退化、动植物发生变化等。20 世纪 80 年代出现了几个较为干旱和极端炎热的年份，媒体借机大肆鼓吹气候异常。1988—1992 年大不列颠岛局部干旱就是其中之一。美国国家大气研究中心的斯蒂芬·施耐德在国会发表的讲话至关重要，他公开强调，全球变暖已经开始。此后，在一些著名自然科学家的推动下，人类活动引发全球变暖的相关内容被收入教科书。气候变暖的原因也引起公众的广泛讨论，热度远超其他任何一个科学议题。当然，在公众的关注和大量的资金支持下，这一领域研究的活跃程度达到史无前例的水平。

应对气候变化

气候研究与全球变暖成为国际议题

全球环境监测系统的应用确实产生了效果。全球范围内采集的数据表明，燃烧化石燃料、大面积砍伐森林以及改变土地用途使得空气中的二氧化碳含量逐年增加。为进一步商讨这一结论，1988 年第一届世界气候大会在多伦多召开。会议积极呼吁全球警惕空气中二氧化碳和其他温室气体含量增加引起全球变暖，并在闭幕报告中敦促各国立即采取行动。为统筹全球的气候研究和气候保护活动，1988 年联合国委托环境规划署和世界气象组织成立了政府间气候变化专门委员会，总部设在瑞士日内瓦。IPCC 的任务并非自行开展气候研究，而是每五年出具一份全面、公正、透明的报告，介绍气候及气候影响研究的最新进展，促成全球共识。1990 年第一份报告一经发布就引起了高度关注。

然而，一开始并非所有学者都认同全球变暖已经成为新的长期趋势。毕竟还有大量冰川没有融化，有的甚至由于降水增加还有所扩大。因此，冰川研究成为一种政治关切。美国的气候学者、自由派民众与第41任总统老布什（1989—1993年在任）领导的政府之间分歧随之日益凸显，历史悠久的美国科学院面临来自政府机构——国家环境保护局（US Environmental Protection Agency）的挑战。第42任总统比尔·克林顿（1993—2001年在任）上台之后，环保主义者和气候学者的处境有所改善，特别是副总统艾尔·戈尔（Albert Gore）发起了环境政策计划。20世纪90年代中期，关于全球变暖是否属实及其原因仍然存在争议，末日论者和怀疑论者势同水火。

在1990年IPCC第一次报告发布的背景下，1992年联合国环境与发展大会在巴西里约热内卢召开，来自178个国家的1万名代表参会，这次会议也被称为“地球峰会”。会上发布了5份文件，其中之一就是《联合国气候变化框架公约》，这份1994年3月21日生效的国际公约是气候政策的转折点。它的签署意味着各国同意为当代和后代保护好地球气候系统，从而确保粮食安全，保障物种自然适应气候变化，推动经济可持续发展；并且同意限制或减少温室气体排放，到20世纪末将温室气体含量稳定在1990年水平。

协议生效后，1995年第一次缔约方会议在柏林举行。会议认为，里约大会达成的协议力度还不够，各工业国应承担气候保护的主要责任。会议成立了委员会，旨在用两年时间明确减排的具体任务和时限。1996 年，在日内瓦举行的第二次缔约方会议讨论了 IPCC1995 年发布的第二份报告，各国政府代表首次承认："人类活动对全球气候有显著影响。"1997 年 12 月在京都举行的第三次缔约方会议取得了迄今为止最大的成果，达成了具有法律约束力的国际减排协议《京都议定书》。

根据《京都议定书》，2008—2012 年，各缔约方必须在 1990 年水平的基础上减少二氧化碳和其他温室气体排放 5.2%。印度和中国等缔约国由于发展相对落后，不承担相关减排任务，而欧盟（8%）、美国（7%）、日本（6%）和加拿大（6%）则需承担更高的任务。考虑到温室气体的影响是全球性的，超额排放的工业国应当向排放指标有富余的发展中国家购买碳排放权。原本《京都议定书》经 55 国签署之后立即生效——这些国家对 1990 年人为产生的碳排放承担 55% 以上的责任，但签署过程远远超过了预计的时间。

2001 年 IPCC 报告

2001 年，IPCC 根据委托提交了第三次气候研究进展评估报告，报告囊括 426 位专家学者的研究成果，由 440 位审查员进行了两轮审查，33 位编者负责监督。没有其他任何一份科学文献涉及这么多专家参与。IPCC 的成员中有自然科学家和政府代表，包括美国（最大的石油消耗国）和澳大利亚这两个没有签署《京都议定书》的国家代表，沙特阿拉伯和中国分别作为最大的石油出口国和煤炭消耗国发表了自己的意见。这一点至关重要，因为 IPCC 报告必须由其成员一致通过。正是由于取得了这种政治上的意见平衡，报告才具有高度权威性。

这份报告的开头是一篇关于碳排放情况的特别报告，展示了 21 世纪末可能存在的 40 种不同经济发展路径。其中最乐观的一种是新增碳排放量可以忽略不计，然后逐渐降低至当前值的一小部分；最消极的情况下，到 2100 年碳排放量增加 4 倍。根据报告预测，目标时间内空气中的二氧化碳含量将增加到 540~970ppm。如果考虑海洋和生物圈的负面反馈效应，这个值还会更高。将模型得出的二氧化碳含量变化折算成温度变化，全球气温中间值预计上升 1.4~5.8℃。部分学者甚至认为这一预测仍然过于乐观。例如，波茨坦气候研究所的代表认为气温增幅不可能低于 2℃，反倒有可能达到 8~9℃。区区 2℃的升温是 IPCC 报告预测的最低值，也是欧盟为自己设定的目标，完全不符合实际（图 5.5）。

实际上，2℃的预测值已经远超近几个世纪以来实际发生的气温变化。整个 20 世纪，全球升温仅 0.6℃；古罗马气候最佳期和中世纪盛期温暖期气温最多上升了 1~2℃。就连小冰期的降温幅度也没有超过 1~2℃。我们已经知道这些温度变化产生了多么巨大的影响，如果全球升温 6℃，后果难以想象。可见，2001 年 IPCC 第三次报告比前两次报告所展示的场景要严重得多。这次报告不仅进一步强调了气候变暖的趋势，也明确指出身负“环境罪”的主要工业国应当承担的责任。报告证实人类活动对全球变暖确有影响，并且比自然因素影响更大。

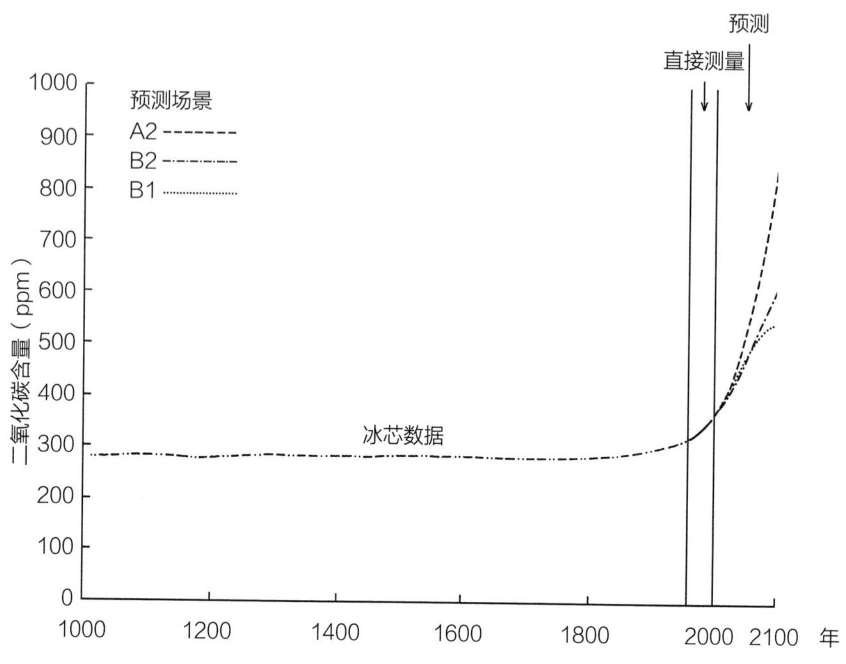

图 5.5　关于 2001 年 IPCC 报告中的曲棍球棒曲线有一个疑点：如果气温取决于空气中二氧化碳含量，而工业革命前这一数值维持在 280ppm，那么近 1000 年来的气温波动是由什么造成的呢？这一假说不成立吗？还是测量数据有误？或者数据被刻意造假，从而夸大气候变化？

观念改变的标志

2001 年 IPCC 报告发布后，首先是在马拉喀什（Marrakesch）举行的缔约方会议上，《京都议定书》的减排路线再次受到关注。当时美国已经宣布退出协议，呼声很高的环保主义者戈尔在总统选举中落败，代表石油工业和装备制造业利益的小布什上台。显然，减排不可能成为布什政府的政策重点。2001 年 9 月，纽约世贸中心大楼遭遇恐怖袭击，打击国际恐怖主义成为美国的首要政治目标。尽管如此，《京都议定书》仍然得以顺利实施。2002 年 5 月 23 日，冰岛成为第 55 个签署国；经过漫长的谈判，2004 年 11 月 18 日俄罗斯总统普京最终也同意签署。3 个月后，即 2005 年 2 月 16 日，《京都议定书》正式生效，签署国达到 141 个，覆盖了全球 85% 的人口。2005 年 11 月至 12 月，《联合国气候变化框架公约》第 11 次缔约方大会在加拿大蒙特利尔举行，来自 188 个国家的 1 万余名代表和观察员参会。这是《京都议定书》生效后的首次会议，也是《京都议定书》第 1 次缔约方大会。各国开始针对 2012 年以后的气候保护措施持续谈判。

围绕气候保护问题展开的国际谈判是国际社会最受关注的政治事件之一，并且重要性持续提升，此外能够达成如此广泛的国际共识的情形可能只有联合国谈判或者欧盟一体化。最终，美国作为全球最大的碳排放国拒绝签署协议，协议的效果也因此受到质疑。澳大利亚、中国、沙特阿拉伯以及若干发展中国家则出于各种原因拒绝将《京都议定书》的效力延长至 2012 年以后。尽管如此，蒙特利尔大会还是为这一议题的谈判做好了铺垫。大会主席、时任加拿大环境部部长史蒂法纳·迪昂（Stéphane Dion）甚至提出了面向未来的“蒙特利尔行动计划”。虽然美国已经宣布退出《京都议定书》，其代表团团长在大会尾声仍然表示愿意进行战略对话——部分原因在于 2005 年 8 月美国遭遇了卡特里娜飓风袭击。这场飓风摧毁了新奥尔良和墨西哥湾沿岸部分地区，小布什总统的民调支持率也因此下降。

2007 年 IPCC 第 4 次报告

2007 年 2 月 3 日星期六，“全球变暖”首次登上世界各大严肃报刊的头版，政治新闻、评论、随笔乃至文化栏目都刊登了详细报道。因为就在前一天下午，刚刚结束的巴黎世界气候大会正式公布了 IPCC 第四次报告的核心内容，介绍了全球气候变化研究的最新动态。时任 IPCC 主席、2002 年当选的印度人拉成达·帕乔里（Rachendra Pachauri，1940—　）向媒体发布了由 500 多位学者共同完成的第一工作小组报告，这是 IPCC 总报告的科研基础。

与 2001 年的报告相比，这份报告的《决策者摘要》(可通过网络下载）部分出现了一些值得关注的微调。对于人类活动造成全球变暖这一点，学者们认为基本不必怀疑，确定性高达 90%，但不是某些媒体所说的“毋庸置疑”，因为科学很少有绝对确定的事情。IPCC 报告由 113 个国家一致通过，它们对报告的最终表述并无异议。与前两份报告的会商意见不同，这次报告并没有采用更缓和的表述，而是在结语部分表达了更加强烈的谴责。巴西的阿希姆·施泰纳（Achim Steiner，1961—　）总结道，现在要求政治和经济上的责任方采取更加坚决的行动。联合国环境规划署现任执行主任曾说，2007 年 2 月 2 日最终宣告了人类活动引起气候变暖这一事实，这一天因此被载入史册。

气候学者坚持认为，气候变化的最主要原因来自人类，即人类活动排放的二氧化碳、甲烷、一氧化氮和对流层臭氧等温室气体。20世纪90年代以来，二氧化碳作为最主要的温室气体，排放量显著增长。当时年排放量约为235亿吨，现在已经达到264亿吨。此外，毁林开荒和改变土地用途产生的间接碳排放量在18亿~99亿吨。相比之下，自然原因，比如太阳活动增强等导致的气候变暖几乎不值一提。人类活动产生的微小颗粒物（气溶胶）引起的空气污染可以缓解全球变暖，因为气溶胶会导致云量增加，从而提高太阳光反照率。如果没有这种人为的降温效应，气候变暖会更加严重。IPCC估计，整体而言，造成当前气候变化的人为因素远甚于自然因素（图5.6）。值得注意的是，关于这一点，报告援引了古气候史的一些数据。根据冰芯杂质的研究结果，学者分析了近80万年来的大气成分，包括二氧化碳、甲烷和一氧化氮等示踪气体含量。通过近1万年，也就是全新世暖期的冰芯分析值与近100年的仪器测量值相比较发现，各种成分的含量在较长时间内相对稳定，以二氧化碳为例，大约为275ppm（参见图1.6）。

然而近200年，特别是近50年来，我们看到空气中的二氧化碳含量迅速上升，一直延续到现在，或者从图上看，到2005年。目前，二氧化碳含量达到359ppm，早已远超过去65万年中已知的峰值。根据温度上升与温室气体浓度相关的理论，全球平均气温应该显著上升。与1901—1950年的平均气温相

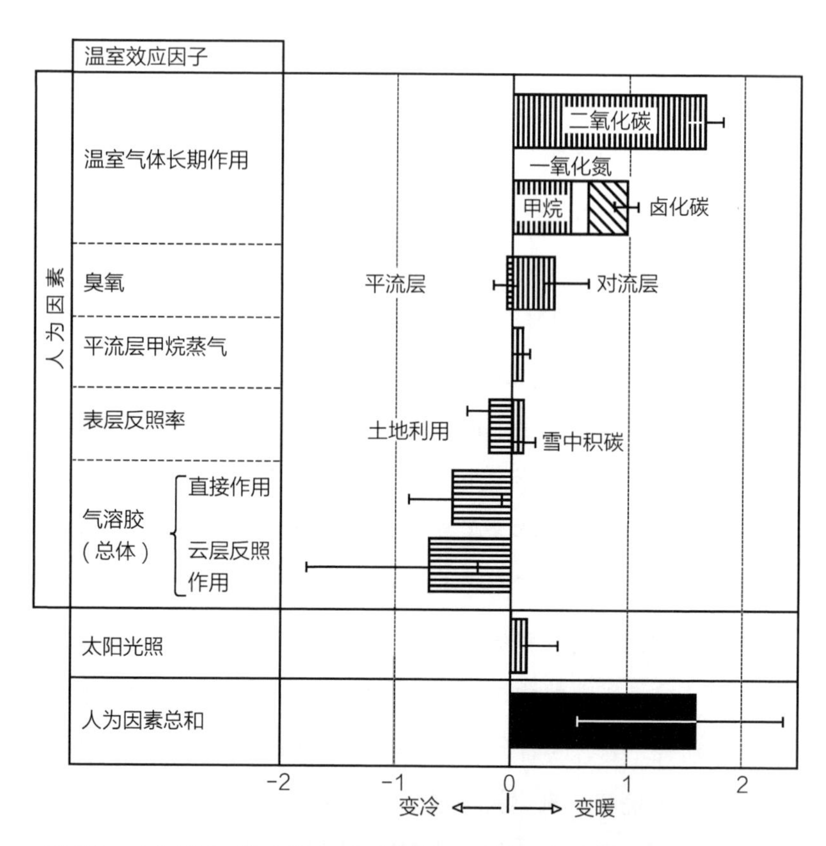

图 5.6　人为因素对气候的双重反向作用。根据 2007 年 IPCC 报告，20 世纪 70 年代以后导致全球变暖的因素占据了主导地位。

比，全球平均气温上升了约 0.6℃，陆地升温幅度比海平面略高。与 1850—1899 年，也就是小冰期最近一次小高峰的平均气温相比，地表温度上升了约 0.76℃。媒体通常偏爱引用后者，因为数字越大越能凸显全球变暖的紧迫性。根据 IPCC 报告，1906—2005 年各个大陆的气温实测值与模型计算值高度吻合。

所有情况都表明，20 世纪 70 年代特别是近 20 年以来，气温加速上升。全球变暖加速的影响也波及深水区，目前海平面以下 3000 米处已经出现相关迹象。

随着气候变暖，海平面明显上升。据估计，整个 20 世纪海平面平均每年上升 1.5 毫米左右，总计 15 厘米。这样的变化一直相对缓和，但到了 20 世纪 90 年代却突然加速。目前，海平面每年大约升高 3.1 毫米，也就是说过去 10 年上升了 3 厘米多。虽然由于地球外部轮廓呈土豆形，引力分布不均，利用卫星辅助计算海平面平均高度面临种种困难，但海平面上升这一结论是没有争议的，只是引起上升的具体原因尚不明确。升温本身会导致海水体积增大，水位上升；至于冰川和极地冰盖融化产生了多大影响，只能近似估算。未来几十年海平面将升高多少，这一点也没有定论。与 2001 年 IPCC 报告相比，2007 年的这份报告对原预测进行了修正。原预测认为，到 2100 年海平面将上升 88 厘米，2007 年的报告将预测值下调到 18~59 厘米。下调的原因主要是在南极没有观测到冰川进一步融化，预计未来也不会融化，这里的气温整体维持在极低水平。随着降水增多，南极冰盾甚至可能会有所扩大。如果取上述两次预测的中间值，即 35 厘米左右，这意味着三代以内太平洋岛屿、佛罗里达和孟加拉国都暂时不会被淹没。

IPCC 采用了 40 余个计算模型，基于温室气体持续排放的预期，按照不同场景对 21 世纪的情况进行预测。模型以 1980—1999 年期间的平均气温为参照，测算出升温幅度。其中

最重要的是 B_1，A_1B 和 B_2 模型系列，因为它们实现的可能性较高。A_1 模型假设到 21 世纪中期全球经济和人口高速增长，随后由于迅速引进高效的新技术而下降。A_1 系列模型共包括三个子模型：基于化石能源的 A_1FI 模型，摆脱化石能源的 A_1T 模型和基于各种能源组合的 A_1B 模型。A_2 模型则采用完全不同的假设，即全球人口持续增加以及地区发展不平衡，经济发展极不均衡导致总体发展较慢。这一模型也被简称为“维持现状模型”。B_1 模型假设经济收敛，人口增长趋势与 A_2 模型相同，但经济迅速进入结构性改革，重点发展服务业、信息产业和绿色技术。这就是“生物产业技术革命”场景。B_2 模型假设人口持续缓慢增加，经济保持中速增长，技术革命的步伐放慢，部分地区环境意识增强。

所有模型被赋予相同可能性，测算得出的 2100 年全球升温中间值在 1.5~4℃之间，远低于末日论者的预期。从影响来看，升温 2℃无疑会带来巨大的变化，我们可以参考小冰期的情况。各种模型都显示，升温将首先冲击北半球，因为南极常年温度极低，预计 2030 年以前不会出现大规模冰川融化。降水增多可能还会使得南极冰川扩大。到 21 世纪下半叶，南半球甚至南极大陆气温开始上升——根据 B_1 模型大约升温 2℃，根据 B_2 模型大约升温 4℃。只要气温维持在零下 30℃，南极就不会出现大规模融冰的危险。北极的情况则完全不同。到 2030 年，北极的年均气温将上升 2℃，到 21 世纪末将上升 6~9℃（具体视模型而定）。因此，IPCC 得出结论：夏季洋冰很有可能融化，长远来看格陵兰岛的内陆冰川也有可能融化。当然，温带地区情况可能有所不同，比如西欧到 2030 年预计升温 1℃，到 2099 年预计升温 2~4℃。北美和亚洲北部则升温幅度更大，根据 B_2 模型测算出的南美、南非和澳大利亚气温上升也更剧烈。

大迁徙已经开始

从过去来看，气候变暖通常有以下影响：冰川消逝，树线上升，植被向极地方向退化，昆虫、两栖动物、鸟类、鱼类和哺乳动物等也一样。树木发芽、开花，鸟类迁徙、返回以及本地鸟类筑巢活动都有所延迟。海水温度上升，海平面升高，洪灾频发，居住方式发生改变。这些场景在约 1 万年前全新世全球显著变暖时出现过，在大西洋期的开端以及古罗马气候最佳期小幅度升温时也出现过。当前的气候变暖始于 19 世纪 90 年代，如果将 20 世纪中期寒冷期剔除的话，实际上是始于 20 世纪 70 年代。其持续时间才不过一代，迄今为止全球平均气温也仅仅上升了 0.6℃，但我们已经可以明显看到全球变暖或者说“现代气候最佳期”带来的影响。一项针对 677 种动物的全面行为研究显示，有 62% 的研究对象行为反映出了近 20 年来气候变暖的迹象，27% 的研究对象行为没有显著变化，9% 的研究对象表现得好像春天迟迟不来。

在人口稠密的环境下，栅栏分隔出一块块地皮和动物保护区，大迁徙不再像旧石器时代那么容易。不过在空中和水中移动仍然可以不受阻碍，天空和海洋的“居民”还是逐食物而居。

如果在阿拉斯加和西伯利亚北部重新植树造林，昆虫和野生动物将随之而来。疟蚊会回归阿尔卑斯山北部，并扩散到北美地区。蝴蝶也会朝着极地方向迁徙，其中蜂鸟天蛾将格外受到关注。这种蝴蝶是天蛾属，体型和行为都与蜂鸟相近，迄今仍然生活在地中海地区，它们在花园或阳台花盆里忙碌时长长的喙非常显眼。蜂鸟天蛾可以飞越 2000 多千米，翻过阿尔卑斯山对它们而言也不是难事。近几年，它们开始出现在阿尔卑斯山北部，有的会在这里冬眠，等到来年 3 月产卵，6 月中旬孵化出幼虫。

高山地区的物种多样性也进一步丰富。对于生活在高海拔极端恶劣环境或北部高纬度地区的物种而言，这是个坏消息。例如，北极熊的生存空间将被森林熊侵占。海洋中也出现了迁徙活动，成群的热带翻车鱼跟随一群美味的海蜇游到了康沃尔（Cornwall）沿岸，热带鱼类大胆闯入地中海或大西洋北部，鳕鱼群还会继续向北游，直至被捕捞上岸——这样的情形过去只出现在中世纪盛期。人工栽培植物的种植范围再次向北扩展。21 世纪初，比利时和德国梅克伦堡出现了新的优质葡萄产区，不过这一时期葡萄种植的纬度范围仍然不及中世纪盛期，格陵兰岛也没有恢复种植谷物和饲养牲畜。维京人的坟墓依旧深埋在冻土之下，但轻松掘开这些坟墓似乎只是时间问题。

现代世界并非处处都可以自由迁徙。以动物保护区为例，这里面的动物就无法凭借自己的力量改变栖息地。许多植物也一样，它们离开了保护区或生态岛将无法顺利繁殖。如果岛屿只略高于海平面，岛上的居民处境也会比较不利。当然，目前谈论“气候难民”还为时过早，历史上类似的情况也极为罕见。比如瓦努阿图（Vanuatu）特瓜（Tegua）环形礁上的村庄被淹没，主要是接连发生的地震、海啸和飓风造成的。这些灾害完全无法预测，也与海平面迄今上升了 2 厘米这一事实无关。通过这个例子我们应该警惕：岛民一旦获得气候基金提供的经济援助，就不愿意迁往岛上地势更高的地方。但这并不意味着，今后不会出现更严重的问题。如果海平面上升 1~2 米，就像末日论者预言的那样，孟加拉国甚至荷兰等海拔较低的国家和地区都会面临危机。

全球变暖的影响评估

全球变暖将产生巨大的社会和政治影响。和动物一样，国民经济可能出现各种不同的反应：部分产业受益，部分产业受损。至于未来机会如何分配，则完全无法预见。太阳光照增强既有可能给农业带来更大的不利影响，也可能便于获取更多太阳能。目前，一些地区由于气候变暖可能面临干旱，而我们了解到这些地区过去曾受益于温暖期，比如大西洋期灌溉便利的撒哈拉地区（参见图 2.2）。天平究竟会往哪边倾斜，可能取决于经济的适应性，这是一个与气候没有直接关联的因素。过去，文明的兴衰由创新能力、对市场需求的适应能力等因素决定。要说世界上第一个工业国——英国拥有得天独厚的气候条件，未免过于夸张。英国更多的是得益于其他因素，例如文化传统，政治、社会和宗教环境等。工业文明的成就之一在于，在漫长的历史进程中首次使人类很大程度上摆脱了气候的影响。

在可预见的时间内，全球变暖并不会带来太多改变。主要工业国要克服气候变暖的影响应该不难，美国、欧盟、俄罗斯、中国、日本、澳大利亚和巴西需要处理更大规模的国内移民潮以及地产市场调整，但它们的国际地位不可能有太大变化；其他国家则继续保持各自的专长。为增强必要的适应能力，物质财富和文化开放水平不容忽视。当然，旅行者的行为将发生改变，以便适应目的地，房地产市场和投资决策也会有所转变。

原住民的处境可能会比较悲惨，因为他们需要努力适应西化的生活，而原住民文化往往无法帮助他们应对变化的气候环境。另外，社会底层人群也会面临冲击，他们很难抛下自己的容身之所，从佛里斯兰（Friesland）迁往马略卡岛（Mallorca）（或者反过来）。深怀乡土情结的人总会为失去故乡而哀伤，但在异乡扎根的本领也不容小觑。欧洲曾发生过多次驱逐事件，被驱逐的群体虽然满怀悲痛，但仍然有机会重新开始，而且新社群也会给予他们贷款或其他方面的支持。今后，这样的支持可能不再与是否归属同一语言社群或民族挂钩，联合国将面临管理移民潮的新任务。不过，也不必过分夸大由此产生的问题，太平洋环礁或阿拉斯加北部地区的人口数量目前比美国、亚洲或欧洲的小城还少。更值得注意的是非洲或亚洲的旱灾灾民，长期来看沙漠化可能会引发大规模的迁徙活动。

“救世会”与B计划

一位著名记者曾指出：“全球变暖作为所有环境危机的根源，在过去20年里推动了一场政治运动，迄今为止这场运动的方向似乎只有一个：降低温室气体排放……不惜一切代价，调用全世界的科学知识，建立‘超级审查组’，其成员长期坚定地在各个会议中穿梭——这是对碳排放者的宣战。《联合国气候变化框架公约》缔约方式会议和《京都议定书》就是典型例子。”

多年来，气候学者中存在“一种政治生态伦理，那就是禁止以任何形式大幅偏离减排目标”。但要有效缓解气候变暖，必须在本世纪中叶以前完成数倍于《京都议定书》中的目标，这样乌托邦式的宏大数字在现有的政治格局下无法实现。“事实上，受到气候变化冲击的国家应对全球变暖、沙漠化或洪灾的适应措施、路径和投入在许多人看来是次要的，甚至在沟通方面是无效的。能源技术的解决方案也是如此。按照‘政治正确’的说法，工业国是问题本身，因此不可能是答案所在。”

不过，尽管《京都议定书》早已被批准，迄今为止全球距离减少温室气体的目标还很远。事实上，碳排放甚至有所增加，因为美国等主要工业国并未加入，印度、中国和巴西等发展中国家又取得了无限排放权。这些国家的环保主义者也认为，只有富裕国家应该为气候保护买单，发展中国家享有赶超式发展工业的权利。印度环保主义者苏尼塔·那雷恩（Sunita

Narain）表示，“气候变化关系到公平问题，关系到资源的公平分配。”就连西班牙等一直支持《京都议定书》的工业国也没有遵守排放上限；“但由于‘救世会’现在面对着支离破碎的局面，能源问题迟迟得不到解决，全球碳排放又完全不见减少，科学界（或者说其中的部分人士）显然已经开始考虑 B 计划了。”（图 5.7）

图 5.7　新版“大洪水”中的一艘方舟，但船本身也在排放二氧化碳。而且这次我们救上船的不是动物，而是漂亮的汽车。

B 计划是将技术手段作为减排的替代或补充，来解决温室效应问题，关键词是“地球工程”。例如，美国地质学家、哈佛大学的克劳斯·莱克纳（Klaus Lackner）和库尔特·岑茨·豪斯（Kurt Zenz House）提出“碳封存”的建议，即把化石燃料燃烧产生的温室气体批量过滤，用合适的方式进行永久存储，比如存放于废弃矿床、深海或者海底沉积层。IPCC 在特别报告中对这些缓解气候变化的建议进行了认真的讨论，一些气候学者也表示支持。备受期待的“碳封存”政策已经在地质从业者中掀起了一股“绿色淘金热”，他们相信其中蕴藏着巨大的商机。这一政策最终可能达到化石能源使用过程中的零碳排放。

还有一些更夸张的建议，比如通过增强平流层反照效应抑制全球变暖，使用极细的反光硫颗粒将 15 千米高空中的太阳光反射回太空。自从这一建议得到诺贝尔奖获得者保罗·克鲁岑（Paul Crutzen）的支持之后，人们开始严肃探讨如何利用气球、火箭或大炮将硫粉送入平流层，从而缓解温室效应。按照克鲁岑的预计，这一计划每年大约需要 500 万吨硫粉，不到全球硫排放量的十分之一，成本如果分摊到一个工业国的居民身上大约是每人 50 美元。“硫粉雾”也不会对自然体验产生太大破坏，阳光依然是五彩斑斓的，最多可能看起来略白一点——相对于维持当前的环境温度和气候而言这不算什么。

意料之中的是，那些把全球变暖主要归咎于人类影响的人对这种技术派举措并不怎么欢迎；其他夸张的建议也是如此，比如给全球海洋中的浮游生物增施铁肥，使二氧化碳脱离地球碳循环，大面积植树造林，培植转基因植物帮助“固碳”，在太空中安装巨型镜子，或者灌溉沙漠以降低反照率。舍尔洪伯（Schellnhuber）和拉姆斯托夫（Rahmstorf）将这些以行星为改造对象的技术派方案统称为“地球系统操控”。让全球气候成为科学家的试验品，这样的想法令许多人感到不快，因为一旦出错后果不堪设想。并且它使人联想起 20 世纪 70 年代，为了应对所谓的“气候变冷”而出现的各种荒谬的技术建议，从那以来仅仅过去了一代人的时间。

第6章

环境罪与温室气候

解读气候变化成为一种新信仰

美国环保活动家、肯尼迪总统的侄子小罗伯特·肯尼迪在卡特里娜飓风发生不久后写道，密西西比州州长哈利·巴伯（Harley Barbour）应当为此负责。作为布什总统竞选团队的成员之一，巴伯促使总统废除了克林顿时期的环境政策，并代表石油产业向总统施压，要求拒绝签署《京都议定书》，无视科学界关于气候变化正在发生的意见。但麻省理工学院学者在《自然》杂志发表的一项研究表明，这样极具破坏性的飓风频发与人为造成的气候变暖有关。美国对石油的依赖不仅引发了可怕的伊拉克战争，也带来了卡特里娜飓风。这场灾难让我们直观感受到，我们给后代留下了怎样糟糕的气候。最后，小罗伯特·肯尼迪援引了一位基督教正统派代表的说法："作为共和党的标志性人物，帕特·罗伯逊（Pat Robertson）在 1998 年曾提出警告，飓风将袭击上帝想要惩罚的每一个社区和城市。也许正是巴伯州长记在备忘录里的内容，让卡特里娜在最后时刻从新奥尔良转向，将它的主要破坏力转移到了密西西比河沿岸。"即便到了 21 世纪，人们也不忘利用"上帝对人类罪行的惩罚"这一说法。

"环境罪"使我们联想到中世纪晚期和近代早期的罪恶经济学，这并非科学术语，而是一个宗教式的隐喻。这个说法在知名自然科学家的著作中反复出现，比如地质学家理查德·B. 艾利（Richard B. Alley）关于历史上的气候变化的论文。虽然一直以来气候骤变并不鲜见，艾利也详细介绍了新仙女木期突然出现的降温，但他在注释中指出："气候专家对于这种气候突变的原因仅有初步了解，但基本可以确定，大量排放温室气体等'环境罪'会提高气候长期突变的风险。"艾利并没有在文中给出"环境罪"的确切定义，其他一些在标题中使用了这个概念的出版物也没有给出进一步解释。显然，这个话题已经超出科学范畴，进入了宗教范畴。从神学角度来看，罪即是触犯了上帝的禁忌，因此必须受到惩罚。在早期社会中，指出违背律法的行为是牧师的职责，现在这个任务似乎落到了气候学者身上。

关于自然失去平衡的谣言

除了"对上帝创造的世界犯下罪行"，另一个备受争议的说法是关于"自然之平衡"或者"气候之平衡"。美国航空航天局（NASA）戈达德空间科学研究院院长、哥伦比亚大学地球学院教授詹姆斯·E. 汉森（James E. Hansen）写道，全球变暖使得地球的能量平衡"出现倾斜"。但他忘了说明，他所认为的气候平衡出现在什么时候。是像已故的埃尔斯沃斯·亨廷顿（Ellsworth Huntington）所说的那样，美国东海岸的宜人气候孕育出复杂文明的时期吗？就算是全新世，气候也并不稳定。地球诞生以来的 50 亿年里，气候不断变化，未来仍然如此。因此，也可以说气候一直处于平衡中，因为根据定义，各种因素相互作用的结果只可能是平衡状态。

谈到“失衡”我们又进入了医学隐喻的范畴，这是气候学者和记者特别偏爱的。古希腊罗马时期盖伦（Galenus）医学理论将健康解释为4种体液的平衡状态，自然界的失衡也会导致“生病”。两位在不同领域与IPCC开展合作的物理学家称，近期的气候变暖就像发烧——温度上升，全球降水增加，极端天气增多，海平面缓慢升高。他们原本持有截然不同的观点，但在这一点上却达成了一致：“IPCC最重要的结论是，气候变化这种‘病’将进一步加重，对生态系统和社会经济体系产生双面影响……”

也就是说，地球生病了，需要医生。这种“气候病”的症状是体液不均衡、高烧，或者说目前体温只是略有上升，但医学上认为会转化为高烧。有人认为这样的隐喻几乎是胡扯，《大地温室》（*Die Erde im Treibhaus*）的编者就是其中一员。他在一篇编者按中满含歉意地写道：“对科学联系的理解依赖于想象、比较和隐喻……但想象有风险，隐喻可能并不贴切。隐喻有时是夸张的、有逻辑错误或者过于简化……因此要审慎比较。同时，这一点也适用于地球的‘气候病’。当我们希望通过想象的画面来帮助理解问题时，实际情况可能比想象的要复杂得多。”（图6.1）

人类世

2000年，荷兰诺贝尔奖获得者、美因茨马克斯-普朗克化学研究所（Max-Planck-Institut für Chemie）前任所长，因大气

图 6.1　末日论者的噩梦：气候问题成了聚会闲聊的话题，没人会真正担忧。

化学和臭氧层空洞研究而闻名于世的保罗·克鲁岑（生于 1933 年）指出，我们不宜再使用“自然”气候阶段这个说法。自工业化开始以来——克鲁岑认为 1784 年蒸汽机的发明是工业化的起点，人类活动产生的示踪气体（主要是二氧化碳）极大地改变了地球大气层，以至于我们不得不面对新时代的开端。全新世已经结束，一个受人类左右的新时代来临：人类世。克鲁岑的观点有一个前提，即间冰期通常不会超过 1 万年。“人类世”的概念意味着这种“自然”节律被人为打破，寒冷没有如期到来，气候反而进一步变暖。

这种人为影响气候的理论很快发展到了令首创者震惊的地步。夏洛茨维尔（Charlottesville）弗吉尼亚大学教授威廉·F.拉迪曼（William F. Ruddiman）提出，自然节律早在农业出现时就已经被打乱。通过冰芯研究，拉迪曼发现人类活动导致大气中的甲烷含量发生了变化，从而对气候产生影响。按照这一解释，近 8000 多年来甲烷含量变化应与米兰科维奇预测的太阳光照强度相关。空气中的甲烷主要来自沼泽，因此温暖潮湿的气候比干燥寒冷的气候更有利于产生甲烷。全新世暖期的顶峰过后，空气中的甲烷含量应该逐渐下降，约 5000 年前就开始加速下降。但事实上，从冰芯研究的结果来看只是略有下降，随后便再次上升。即便如此，拉迪曼仍然坚持认为他发现了大气中二氧化碳含量的不规律性，并证明自中石器时代以来人类逐渐剥夺了自然对气候的控制。

欧洲大陆和美洲大陆大片林地被焚毁、东亚开始种植水稻以及系统性的牲畜养殖产生了大量示踪气体，使大气富氧化；为季节性调节水资源而大修堤坝导致形成了许多沼泽。拉迪曼估计，到中世纪盛期人类活动引起的升温在 2℃左右，其中一部分影响被全球变冷所“掩盖”。他的这一说法很难证实，也很难证伪。可以说，在拉迪曼看来，全新世和人类世在本质上并无区别。

全新世开始以来，人类活动对气候产生了显著影响——这一点乍看有些荒谬，因为 1 万年前的全球人口数量与现在相比可以忽略不计，早期大约只有 750 万，随后 8000 年里增长到了

3 亿。在这期间，人类借助一些初级的技术手段推动了农业的发展，也极大地改变了地球的面貌。由于开荒和耕种，欧洲大部分森林在青铜器时代就已被砍伐殆尽，近东、北非、远东和北美地区也是如此。在北美部分地区，印第安农民大规模排干沼泽，但这与拉迪曼的“甲烷说”相悖。地表景观的彻底改变对于气候而言就像一个大型试验，因为地貌会影响反照率和大气成分。

克鲁岑在回应拉迪曼时借力打力，用对方的观点强化了自己的观点。他提出，基本上人类世始于何时并不重要，不管是公元前 8000 年还是 5000 年，因为毫无疑问自新石器革命以来人类对环境产生了空前的影响。但另一点也很明确：200 多年来工业革命进一步加剧了这种影响，并非一蹴而就，而是逐步推进。这一时期全球人口增加了 10 倍，达到 60 亿；牛的存栏量大约在 14 亿，可能也是有史以来的最高值。1950 年前后，情况再次出现转变，人类对自然的影响达到了超乎想象的程度。20 世纪末，全球约有 30%~50% 的陆地由于砍伐、农业、畜牧和建筑活动发生了变化。20 世纪中期以前，人类对环境和气候都产生了影响；自那以后，人类活动逐渐在地球系统的各个组成部分——大气、陆地、海洋和滩涂中发挥主导作用。对于气候而言也是如此，农业活动、氮肥和化石燃料的使用所排放的温室气体超过了自然活动可能产生的总量。如果要建立一个人类世的分阶段模型，新石器革命可能是第一阶段的起点，工业革命是第二阶段的地点，第三阶段则始于 1950 年前后人类对地球系统的作用“骤然加快”。第四阶段可能在21世纪出现，希望这一阶段的特点不会是人类进一步消耗自然资源和造成环境污染，而是负责任地与地球系统共处、控制人口增长以及主动管理环境。

拉迪曼关于人类世的阐述，使人们关注的焦点从当前种种令人恼怒的现象和修正对未来的模糊预测，转移到关于人类历史的讨论上来。人们开始热烈探讨全球变暖的起源，以及农业社会以来温室气体持续增加是否导致寒冷期缺席。在此过程中人们发现，这场讨论深刻触及了问题的本质，因此很难轻易得出结论。

保护自然还是保护人类

1969年人类登月成功之后，掀起了历史编纂和气候研究的热潮，因为人们看到了地球生态系统的脆弱性。此后，保护自然和环境变得越来越重要，甚至发展出了一个产业。各种环境协会和机构十分活跃，专业程度不亚于跨国集团公司。与此同时，20世纪90年代以来，对全球变暖的担忧超越了以往对森林死亡和臭氧层空洞的关注。除了工业面临严厉谴责，有史以来第一次每一位终端消费者都成了责任人。事实上，每个地球居民确实都有过错：无论是南非焚林开荒的布须曼人，阿根廷养牛的大农场主，还是巴厘岛种植水稻的农民，或者是坐在办公室里吹着空调的银行家。

当我们在这样的背景下讨论环境和气候保护时，必须明白问题的核心究竟是什么。地球已经存在了超过50亿年，种种证据表明，无论人类怎么做它还会继续存在50亿年乃至更久。地球历史上的气候一直都在变化，从灼热的地狱星球（冥古宙）变成冰天雪地（“雪球地球”）。过去50亿年里，大部分时间温度都比现在高得多，只不过在近百万年里气候才格外多变——升温和降温都是如此。每一次气候变化都会影响到地球上的生命，但自然是不讲道义的。有的动植物喜暖，有的则喜凉，有的喜湿，有的喜干。对于自然来说，生态系统的任何变化都是中性的，因为对某一方面有害的变化，对另一方面可能有利。在自然面前，谁能以裁判员自居呢?

人类为保护自然所做的努力是比较保守的:“自然保护者”想要保持的不是“自然”，而是他们所适应的某种特定的“自然”，那是一种与其他任何环境同样“自然”（或者说“非自然”）的生态环境。这样的“自然保护”与其说是以自然为中心，不如说是以人类的舒适感为中心。许多自诩关心气候的中欧居民一边担心全球变暖，一边去往更温暖的地方度假，避开本土的低温和雨水，其中的矛盾之处可见一斑。自然的回归，例如2006年夏季野生棕熊“布鲁诺”的出现[①]，对于当事人而言首先会激起防御反应。在气候问题上也是一样。大肆宣扬“气

① 2006年5月，一头棕熊出现在德国巴伐利亚州和奥地利的边界地区，这是过去171年里德国境内首次出现野生棕熊，巴伐利亚州政府出于安全考虑将其射杀。——译者注

候保护”只不过是为了掩盖对变化的恐惧。在目前已经受到气候变化冲击的地区，例如高山和极地地区，物种多样性会越来越丰富，自身局限性太强的物种将会灭绝。这不是道德问题，而是生物进化。

需要强调的是，自然保护的必要性并无争议，但我们始终要清楚，究竟该保护什么、如何保护。保护濒临灭绝的物种必须作为第一要务，这一点人人都应该明白。但同时我们还要问一问，北极熊濒危是由于气候变暖，还是由于人类居住、农业和工业活动对北极地区的开发呢？事实上这两大进程我们都无法阻止，也许只能“望洋兴叹”。如果北极熊真的来到大街上，大概也和出现在前院里的布鲁诺一样危险。北极的动物和非洲或亚马孙流域的动物一样，都面临生存威胁。我们需要认真思考，如何在人类居住地不断扩张的同时保障它们的存续，而不仅仅是让它们待在动物园里。

废气是否引起温室效应，或者气溶胶导致气温下降，这些与解决空气污染确实没有关联。但在人口如此稠密的地球上，要完成迁徙可不像新石器时代那样简单，可能会引发诸多争端。因此，国际社会必须重视气候变化问题，一方面充分做好应对的准备（适应），另一方面避免情况进一步发展（减缓）。如果像以前一样在两种策略中偏废一方，是毫无意义的。

气候政策成为 21 世纪的挑战

经过一代人的研究，关于全球变暖这一事实以及人类活动在其中的作用，科学家们已经达成了广泛的共识，分歧主要存在于对这些成果的具体解读上。詹姆斯·洛夫洛克的盖娅假说中包含着“乐观生态学”，即把地球比作盖娅女神，通过自然调节来保持恒温，这一说法现在已经很难获得认同。部分气候学者坚持认为，人类即将进入下一段冰期。理查德·艾利一直提出疑问，既然历史上间冰期都没有持续超过1万年，作为近1万年来最寒冷的时期，当前小冰期究竟是不是进入新一轮大冰期的第一步？有人从中得出了一个不那么政治正确的结论：人类活动引起的气候变暖是一件好事，因为它能阻挡冰期来临的脚步。但反过来也有人提出，如果温度不仅超过了多年均值，而且抵消了气候悄然变冷的影响，是否说明实际情况比我们预计的要严重得多呢？

大部分学者认为，全球变暖是后代将要面对的首要问题。对于政治实际而言，人为因素对气候变暖的影响已经无须赘述。首要的是，针对其产生的原因和影响采取相应的解决措施和预防手段。许多应对措施成本并不高，有的即使在不考虑气候变化的情况下也有实施的必要性，比如削减化石燃料的隐性补贴，减少有害健康的废气排放，保护森林，提升保温隔热性能。有一些措施不必等待国际组织或政府来推行，而是可以在地方层面实施，甚至从一家公司、一户家庭开始做起。美国许多城市已经认识到这一点，它们在联邦政府的规定之外实施地方性的气候政策。另一方面，成本低廉、简便易行的改变毕竟效果有限，通过国际合作推行更加有效的措施迫在眉睫，启动相关谈判有利于国际社会在需要采取关键举措时从容应对。

参照小冰期的例子，即使气温上升幅度不大，也会引起生态环境的巨大改变。尽量降低新增碳排放，维持全球排放量的稳定刻不容缓。德国联邦政府全球环境变化科学顾问委员会将这一目标值设定在 450ppm，折算成全球地面温度均值增幅大约是 2℃。只要在目标值以内，就不至于发生更大的灾难；一旦超出，后果无法想象。因此，政策制定者面临着挑战。减排问题无法在国家层面得到解决，情况相当复杂。但如果人类已经对地球气候系统造成了影响，就必须共同应对这一挑战。“挑战与回应”——这是阿诺德·汤因比在《历史研究》中讲述文明兴衰时所使用的范畴，至今仍有借鉴意义。气候变化是我们这代人面临的挑战。我们如何应对，影响的不是世界的福祉，而是人类自己的福祉。

地球寿终正寝——暂未

这本书从太阳系的诞生开始讲起，到这里也差不多接近尾声。从地质学的维度来看，人类历史十分短暂——相对于 50 亿年来说，过去的 3 万年算什么呢？而且按照地质学家的说法地球还会再存续 50 亿年，相比之下，我们对未来 3 代的规划又算什么呢？波茨坦气候影响研究所描绘的地球毁灭路线图是这样的：大约 8 亿年后平均气温将上升到 30℃，但二氧化碳含量将大大低于当前值和末次大冰期的水平，所有高等生命形态全部消失。约 12.5 亿年后，气温上升至 40℃，16 亿年后上升至70℃。至此光合作用失效，我们所知的一切生命体都将失去存在的基础，陆地上只剩下裸露的石块。一旦平均气温超过水的沸点，海洋会开始蒸发；如果继续升温，板块构造将发生改变。35亿~60亿年内，地球将持续膨胀，温度将超过1000℃。在这样的环境下，大气层逃逸，岩石融化，地球回归到初始状态——一颗地狱般灼热的星球。

不过目前我们还没有走到这一步，与上述极端情况相比，当前的升温幅度还很小（图6.2）。许多历史事例表明，对于文明而言，寒冷和干旱是更大的敌人。从小冰期的气候文明史中我们已经看到，平均气温的微弱变化也会带来巨大的影响，并且积极影响和消极影响并不是均匀分布的。意大利文艺复兴方兴未艾，格陵兰岛的维京人却销声匿迹。2003年，百年未遇的酷暑导致法国数千名老人由于中暑或脱水而丧命，如果预防得

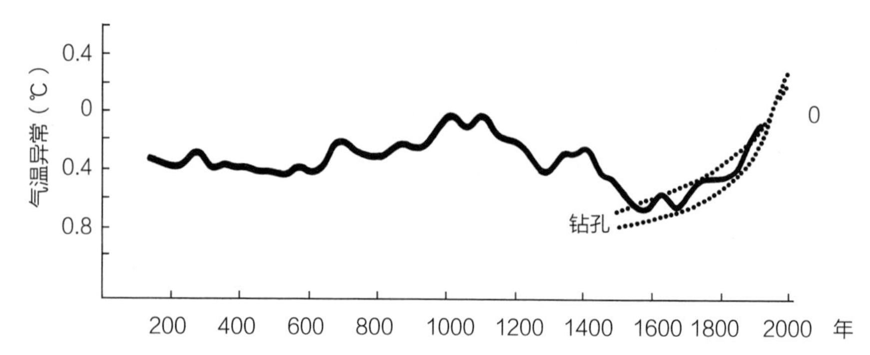

图6.2　根据最新深海钻探研究绘制的近200年全球气温变化图。曲棍球棒曲线（图0.2）出现在哪？这对于“气温取决于二氧化碳含量”理论（图5.5）意味着什么？图中计算出的气温变化与IPCC1990年的预测（图0.1）十分接近。

当，原本可以避免。同时期的奥地利、德国和瑞士就没有出现这样的情况。在空调环境下或者海边，炎热也不足为惧。全球变暖要求人类提高适应能力并及时作出调整。我们很希望听到另一种消息：由于冬季气候变得温和，死亡人数、失业人数、患病人数减少。哈拉尔德·马丁斯坦（Harald Martenstein）对环保主义者的矛盾之处做出了精辟总结："当地球上某个地方物种数量减少时，他们便大声呼救；但如果另一个地方物种增多，他们也觉得有问题。"

约阿希姆·拉德卡（Joachim Radkau）在给同事的信件中写道："对于许多环境史学家而言，气候是最令人担忧的不明因素。如果要在环境史中找寻道德和启示，气候毫无疑问是一种干扰——至少在久远的历史上，人类对气候还未产生影响之时是如此。"但即使是在人类活动引起全球变暖之后，道德问题也很难解答。当代牧师所说的"环境罪"，无论对阿根廷的牧场主、印度尼西亚的稻农，还是得克萨斯的石油公司、亚洲的火电厂都应一视同仁。宣扬"负罪文化"的思想家不仅希望人类悔过，还要以气候变化受害者的名义实施惩罚。但从法律角度，只有达成普遍共识或者借助一个"生态斯大林主义"的国际政府才能实现——但愿不要。目前，全球最主要的几大排放国仍然没有加入碳排放权交易；部分目光深远的国家在着力减排，希望这样的国家越来越多。

如果真如气候学者所说，气候系统存在惯性，我们就不必期待奇迹出现。即使世界各国争相减排，废气排放大幅下降，地球仍然会继续升温。这听起来令人不快，但比起之前关于小冰期即将到来的预言要好得多。寒冷期往往会引发社会剧烈动荡，温暖期倒是有可能促进文化繁荣。如果说我们可以从文化史中学到什么，那么应该是：人类可能是“冰期的孩子”，而文明却是暖期的产物。新石器革命和古老的高度文明诞生都发生在比现在略微温暖一些的时期。按照 IPCC 的最新预测，21 世纪我们将再次经历类似的暖期。届时阿尔卑斯山脉冰川消融，但南极不会。我们可以节省取暖费，减少对化石能源的需求。沙漠将会如何呢？真的会扩大吗？大西洋期时，更多的水进入大气层水循环，一度将撒哈拉沙漠变成了沃土（图 2.2）。

未来很难预测，正经科学家要当心变成诺查丹玛斯（Nostradamus）那样的神棍。计算机模拟技术只不过是“假设前提 + 数据输入”，它只能模拟期望，而非未来本身。自然科学的历史也充满了理论谬误和虚假预测。了解自然科学各种测年法的缺陷很重要。通过碳 14 或其他物理方法得出的精确年代必须进一步“校准”，才能成为可用的数据。具体而言：只有通过历代编年史才能确保自然科学的“精准”。“社会科学年”时有人曾说，社会科学家不习惯这样低的精准度。自然科学家以百年计算时间，历史学家则以天、小时或分钟计算。我们对自然科学的精准度不应抱有过高的期望。

一部气候文明史，以及研究气候变化对文化和社会的影响表明我们已经掌握了文化学的基本研究方法。并且，对于从社会档案而非冰芯或深海泥浆中获取的数据，我们也予以采信。

事实反复证明，将历史和自然科学研究方法相结合收效很好。从气候的文明史可以看出，气候一直在变化，社会必须采取相应的对策。末日论式的预言没有任何作用，这一点我们不需要回顾猎巫活动或者古埃及王国的覆灭就能明白，只需将20世纪70年代应对全球变冷的计划与现在应对全球变暖的方案对比来看。气候学者谈论气候史时应当适度，谈及文化和社会方面时则应当保持谨慎。

气候会变化，也一直在变化。我们如何应对是个文化问题，了解历史能够有所帮助。气候变化通常被视为威胁，冒牌预言家和道德卫士一直想要从中牟利。我们不能把解释气候变化的权力拱手让给对文明史一无所知的人。人类不是被动承受生存环境变化的动物。气候变化为近代史带来了积极影响，如果当前的气候变化长期持续下去（暂时看起来是这样），我们唯有保持冷静。世界不会因此毁灭，如果地球变得更暖和，我们将逐渐适应。就像一句古典拉丁谚语所说的：时代在变，时代中的人也一样。

参考文献

Guido Alfani/Cormac O Gráda (Hg.), Famine in European History, Cambridge 2017.

Trevor Aston (Hg.), Crisis in Europe 1560–1660, London 1965.

Wolfgang Behringer, Witches and Witch Hunts. A Global History, Cambridge 2004.

Wolfgang Behringer/Hartmut Lehmann/Christian Pfister (Hg.), Kultu- relle Konsequenzen der «Kleinen Eiszeit», Göttingen 2005.

Wolfgang Behringer, Tambora und das Jahr ohne Sommer. Wie ein Vulkan die Welt in die Krise stürzte, München 2015.

Wolfgang Behringer, Der große Aufbruch. Globalgeschichte der Frühen Neuzeit, München 2023.

Timothy Brook, The Troubled Empire. China in the Yuang and Ming Dynasties, Cambridge/Mass. 2010.

John Brooke, Climate Change and the Course of Global History. A Rough Journey, Cambridge 2014.

Chantal Camenisch, Endlose Kälte. Witterungsverlauf und Getreidepreise in den Burgundischen Niederlanden im 15. Jahrhundert, Basel 2015.

César N. Caviedes, El Niño. Klima macht Geschichte, Darmstadt 2014.

Dominik Collet, Die doppelte Katastrophe. Klima und Kultur in der europäischen Hungerkrise 1770–1772, Göttingen 2019.

Dominik Collet/Maximilian Schuh (Hg.), Famines during the «Little Ice Age» (1300–1800). Socionatural Entanglements in Premodern Societies, Cham 2018.

Dagomar Degroot, The Frigid Golden Age. Climate Change, the Little Ice Age, and the Dutch Republic, 1560–1720, Cambridge 2018.

Mark Elvin/Liu Ts' ui–jung (Hg.), Sediments of Time. Environment and Society in Chinese History, Cambridge 1998.

Rüdiger Glaser, Klimageschichte Mitteleuropas. 1200 Jahre Wetter, Klima, Katastrophen, 3. Auflage, Darmstadt 2013.

Richard Grove/George Adamson, El Nino in World History, London 2018.
Kyle Harper, Das Klima und der Untergang des Römischen Reiches, München 2020.

John T. Houghton et al. (Hg.), Climate Change. The IPCC Scientific Assessment, Cambridge 1990.

IPCC (Hg.), Climate Change 2021. The Physical Science Basis (Sixth Assess– ment Report, Working Group I), 2021 (online).

IPCC (Hg.), Climate Change 2022: Impacts, Adaptation and Vulnerability (Sixth Assessment Report, Working Group II), 2022 (online).

IPCC (Hg.), Climate Change 2022: Mitigation of Climate Change. Summary for Policymakers (Sixth Assessment Report, Working Group III), 2022 (online).

Manfred Jakubowski–Tiessen/Hartmut Lehmann (Hg.), Um Himmels Willen. Religion in Katastrophenzeiten, Göttingen 2003.

William Chester Jordan, The Great Famine. Northern Europe in the Early Fourteenth Century, Princeton 1996.

Christian Jörg, Teure, Hunger, Großes Sterben. Hungersnöte und Versorgungskrisen in den Städten des Reiches während des 15. Jahrhunderts, Stuttgart 2008.

Emmanuel LeRoy Ladurie, Naissance de l' histoire du climat, Paris 2013.

Claus Leggewie/Franz Mauelshagen (Hg.), Climate Change and Cultural Transition in Europe, Leiden 2018.

Franz Mauelshagen, Klimageschichte der Neuzeit, Darmstadt 2010.

Paul Andrew Mayewski/Frank White, The Ice Chronicles. The Quest to Un–

derstand Global Climate Change, London 2002.

Harald Meller/Thomas Puttkammer (Hg.), Klimagewalten. Treibende Kraft der Evolution, Halle/Salle 2017.

Steven Mithen, After the Ice. A Global Human History, 20000–5000 BC, London 2003.

Joel Mokyr, A Culture of Growth. The Origins of the Modern Economy, Princeton 2016.

Clive Oppenheimer, Eruptions that Shook the World, Cambridge 2011.

Geoffrey Parker, Global Crisis. War, Climate Change and Catastrophe in the Seventeenth Century, New Haven 2013.

Christian Pfister, Klimageschichte der Schweiz 1525–1860. Das Klima der Schweiz von 1525–1860 und seine Bedeutung in der Geschichte von Bevölkerung und Landwirtschaft, Bern/Stuttgart 1988.

Uwe Christian Plachetka, Die Inka – das Imperium, das aus der Kälte kam. Eine kriminalistische Spurensuche nach der mittelalterlichen Warmperi– ode, Frankfurt/Main 2011.

Johannes Preiser–Kapeller, Die erste Ernte und der große Hunger. Klima, Pandemien und der Wandel der Alten Welt bis 500 n. Chr., Wien 2021.

Johannes Preiser–Kapeller, Der Lange Sommer und die Kleine Eiszeit. Klima, Pandemien und der Wandel der Alten Welt von 500 bis 1500 n. Chr., Wien 2021.

Joachim Radkau, Natur und Macht. Eine Weltgeschichte der Umwelt, München 2000.

Stefan Rahmstorf/Hans Joachim Schellnhuber, Der Klimawandel. Diagnose, Prognose, Therapie, 9. Auflage, München 2019.

Gerrit Jasper Schenk (Hg.), Historical Disaster Experiences. Towards a Com– parative and Transcultural History of Disasters across Asia and Europe,

Heidelberg 2017.

Lee Siebert/Tom Simkin/Paul Kimberley, Volcanoes of the World. A Regional Directory, Gazetteer, and Chronology of Volcanism during the Last 10,000 Years, 3. Auflage, Berkeley 2010.

Frank Sirocko, Geschichte des Klimas, Stuttgart 2013.

Steven M. Stanley, Historische Geologie, Heidelberg 2001.

Nico Stehr/Hans von Storch, Klima, Wetter, Mensch, München 1999.

Gabrielle Walker, Schneeball Erde. Die Geschichte der globalen Katastrophe, die zur Entstehung der Artenvielfalt führte, Berlin 2005.

Heinz Wanner, Klima und Mensch. Eine 12000–jährige Geschichte, Bern 2016.

Spencer R. Weart, The Discovery of Global Warming, Cambridge/Mass. 2003.

Sam White, The Climate of Rebellion in the Early Modern Ottoman Empire, Cambridge 2011.

Sam White, A Cold Welcome. The Little Ice Age and Europe' s Encounter with North America, Cambridge/Mass. 2017.

David Wootton, The Invention of Science. A New History of the Scientific Revolution, Harmondsworth 2015.